ペロブスカイト太陽電池の最新開発・製造・評価・応用技術

〜高効率化・大面積化／安定性・耐久性向上／環境対応〜

監修／池上 和志

執筆者紹介

第1章

第1節

池上　和志　　桐蔭横浜大学 教授／博士（理学）

第2節

辻　　流輝　　兵庫県立大学大学院工学研究科 博士後期課程

伊藤　省吾　　兵庫県立大学大学院工学研究科 教授／博士（工学）

第3節

小野澤　伸子　国立研究開発法人産業技術総合研究所
ゼロエミッション国際共同研究センター
主任研究員／博士（理学）

第4節

早瀬　修二　　電気通信大学 特任教授／理学博士

第5節

白井　康裕　　国立研究開発法人物質・材料研究機構
エネルギー・環境材料研究拠点太陽光発電材料グループ
グループリーダー・主幹研究員／理学博士

柳田　真利　　国立研究開発法人物質・材料研究機構
エネルギー・環境材料研究拠点太陽光発電材料グループ
主幹研究員／理学博士

執筆者紹介

第2章

第1節

五反田　武志　東芝エネルギーシステムズ株式会社
エネルギーアグリゲーション事業部 次世代太陽電池開発部
タンデム太陽電池開発グループ 参事／
株式会社東芝 研究開発センター ナノ材料・フロンティア研究所
トランスデューサ技術ラボラトリー 室長附／博士（工学）

第2節

松井　太佑　パナソニック ホールディングス株式会社
テクノロジー本部　マテリアル応用技術センター 課長／
学術博士

第3節

滝川　満　ホシデン株式会社　表示部品生産統括部 統括部長／
ホシデンエフディ株式会社 取締役工場長

第4節

山本　智史　株式会社リコー Energy Harvesting事業センター
設計開発グループ／工学博士

田中　裕二　株式会社リコー
先端技術研究所 IDPS研究センター PV-PT エキスパート

第5節

宇津　恒　株式会社カネカ 太陽電池・薄膜研究所 基幹研究員／
博士（理学）

山本　憲治　株式会社カネカ 太陽電池・薄膜研究所
カネカベルギーN.V. 太陽電池欧州研究部門 常務理事
太陽電池・薄膜研究所長 太陽電池欧州研究部門長／工学博士

執筆者紹介

第6節

森田　健晴　　積水化学工業株式会社 R&Dセンター
次世代技術開発センター センター長

第7節

堀内　　保　　株式会社エネコートテクノロジーズ
取締役 兼 最高技術責任者／工学博士

河村　達朗　　株式会社エネコートテクノロジーズ 技術部
シニアマネージャー

第3章

斎藤　英純　　地方独立行政法人神奈川県立産業技術総合研究所
川崎技術支援部 統括専門研究員／博士（工学）

第4章

奥野　彰彦　　SK特許業務法人 代表社員

目　次

第1章

ペロブスカイト太陽電池の最新開発事例と成膜技術・環境対応・鉛フリー化

第1節　ペロブスカイト太陽電池の高性能化と実用化・環境対応への課題

桐蔭横浜大学　池上　和志

はじめに

脱炭素社会を目指す潮流の中で、再生可能エネルギーの導入、とりわけ太陽電池の導入への関心が高まっている。東京都では、2025年度より新規住宅着工への太陽電池設置の義務化を発表した[1)]。このような建築物への太陽電池の導入は、今後ますます進むであろう。現在主流のシリコン系太陽電池は、石油ショック後の国内ではサンシャイン計画を通じて、国内への普及が急速に進んだ。かつては、日本が太陽電池の生産量で世界のトップを走っていたが、大量生産による製造コストでは、中国勢に遅れをとった。そのため、日本国内でのシリコン太陽電池の世界シェアも低下の一途をたどり、存在感も低下したことは否めない。一方、シリコン太陽電池の大量生産は、同じシリコンを原料とする半導体の製造にも影響する。2022年現在、半導体不足による様々な工業製品の製造の遅れ、コストの増加が世界経済をゆるがす大きな問題となっている。半導体不足は、太陽電池を中心とした再生可能エネルギーの導入拡大にも大きく影響するため、シリコン系以外の太陽電池の研究開発は、エネルギーの安定供給にも重要である[2)]。

シリコン半導体、あるいは、化合物半導体を用いない有機系太陽電池の研究開発は、低コスト太陽電池の実現を目指して進められてきた。ここでいわれる低コストとは、使用材料が低コストであること、また、製造プロセスが低コストであることが意図される。特に、ロール・ツー・ロールプロセスに代表されるような大量生産方式で太陽電池を製造することが期待される。ロール・ツー・ロールプロセスでは、プラスチック基板等のフレキシブル基板上に、印刷方式で太陽電池を製造する。この方式を実現するために、有機薄膜太陽電池や色素増感型太陽電池の実用化に向けた研究開発が続けられている。

このような印刷方式で製造可能な有機系太陽電池の研究開発で見いだされたのがペロブスカイト太陽電池である[3)]。ペロブスカイト太陽電池は、シリコン太陽電池にも匹敵する26％以上の変換効率をあたえるポテンシャルを持ちながら[4, 5)]、印刷方式で製造できることが特徴である。しかしながら、印刷方式で製造できるとは、原料を溶液として用いることであり、このことは、安定性など課題も含むことが容易に想像される。本稿では、ペロブスカイト太陽電池の現状と、実用化・環境対応の事例について紹介する。

1.　ペロブスカイト太陽電池の概要

太陽電池の研究分野に、彗星のごとく現れた高効率太陽電池がペロブスカイト太陽電池である。ペロブスカイト太陽電池は、それ以前に研究が進められていた太陽電池とはまったく趣を異にする太陽電池であるが、一方で、太陽電池の研究分野を、人材交流を含めて活性化した太陽電池といっても過言ではない[6, 7)]。ペロブスカイト太陽電池の発表以前は、シリコン系、化合物半導体系の太陽電池と、有機系太陽電池の研究は、まったく別のフィールドで行われていた。シリコン系、化合物半導体系の太陽電池の研究では、半導体の結晶構造、バンド構造の固体物理からのアプローチである。有機系太陽電池、とりわけ色素増感型太陽電池は、電気化学の酸化還元電位の議論や、個別の色素や電解液の分析の化学的なアプローチであり、研究手法そのものが異なっている。ペロブスカイト太陽電池は、ペロブスカイト構造と呼ばれる結晶構造をもつ化合物を光吸収体かつ電子輸送層、正孔輸送層として用いる太陽電池であり、有機溶媒を用いる化学的な手法で作製する太陽電池でありながら、その解析には、結晶構造、バンド構造などの固体物理学的なアプローチがとられる。研究面からもまさにハイブリットな太陽電池である。

ペロブスカイト太陽電池は、最も初期の形は、色素増感型太陽電池の増感色素の代替としてメチルアンモニウムヨウ化鉛（$CH_3NH_3PbI_3$）のナノ結晶を酸化チタンの多孔質膜の表面に単分子的に被覆することを目指したものである[3)]。しかし、研究を通じて、$CH_3NH_3PbI_3$の特異な電子構造[8)]、高いキャリア移動度、ホール移動度が再認識された。ハロゲン化鉛系ペロブスカイトがシリコンと同等の半導体特性をもつことも報告された[9)]。現在主流である各層の積層型となるプラナー構造のペロブスカイト太陽電池が報告されたことで、ペロブスカイト太陽電池は、新型太陽電池の地位を確立したといえる[10)]。その後、エネルギー変換効率25％以上となるペロブスカイト太陽電池まで、いわゆるプラナー構造が主流の構造である。

ペロブスカイト太陽電池の中心となるのは、光吸収を担い、かつ良質な半導体の結晶であるハロゲン化鉛系のペロブスカイト化合物である。ペロブスカイト構造は、ABX_3の組成式で代表され、BX_6で作られる8面体が、Aで構成される立方体の中に納まった構造をしている。代表的なペロブスカイト、$CH_3NH_3PbI_3$では、Aサイトに1価のカチオン$CH_3NH_3^+$、Bサイトに2価のカチオンであるPb^{2+}、Xサイトには、1価の陰イオンであるI^-が対応している。$CH_3NH_3PbI_3$は、室温では、正方晶系の結晶構造となるが、高効率化と高耐久化のためには、ABX_3に複数のイオンを加え、比率を変えた系が研究されている。高効率ペロブスカイトでは、「トリプルカチオンダブルハライド」、「ダブルカチオン」、といった$CsFAMAPbI_2Br$や、$CsFAPbI_3$など、さらに、Rb^+ドープ、K^+ドープすることによる、エネルギー変換効率の向上と、安定性の向上などの研究が進められている[11-13)]。複数イオンによる組成の変更は、ペロブスカイト結晶層の価電子帯、導電帯、フェルミレベルのエネルギーにも影響するが、これらのエネルギーレベルの電子輸送層、正孔輸送層のエネルギーのマッチングは、開放電圧値や曲線因子といった電流電圧特性に直接影響する。電子輸送層、正孔輸送層、また、それらの界面のバッファー層などの組み合わせにより、変換効率の向上につなげる研究が進められている。

ペロブスカイト太陽電池は、プラスチック基板に作製し、軽量薄型の形態となりうることが特長であり、我々の研究室でも図1に示すような太陽電池の試作を進めている。

図１　桐蔭横浜大学で試作した軽量フレキシブルなペロブスカイト太陽電池

2.　鉛の使用に対する環境対応の課題

2.1　非鉛系ペロブスカイトの研究

ペロブスカイト太陽電池は、印刷法で作製できる高効率太陽電池として、注目が極めて高い。ペロブスカイト太陽電池の高効率を支える特性は、ハロゲン化鉛の特異な電子状態に依存することは、様々な研究から明らかとなっている。しかしながら、実用化の懸念となる問題に、鉛の使用の問題がある[14)]。

廃棄物を含めた環境配慮の観点から、工業製品に対する環境への有害物質の使用に対する規制がある。鉛は規制物質として示されており、RoHS指令などにより、その含有率の許容量が示されている。用途によって、除外規定はあるものの、鉛の使用を避ける方向性は望ましい。そのため、ペロブスカイト太陽電池の研究においても、鉛フリー型の研究に注目が集まる。最近では、鉛の代替として、中心金属をスズに置き換えたペロブスカイトを中心に研究が進められ、スズ系のペロブスカイト太陽電池は、変換効率が15%にせまる報告もされている[15)]。また、ペロブスカイト太陽電池の研究から派生した、溶液塗布で作製する銀・ビスマス系化合物の研究も進められている。我々の研究室においても、Ag/Bi系の全無機組成の$AgBi_2I_7$、Ag_2BiI_5を用いた素子の作製を検討している[16, 17)]。これらの化合物の問題点は、バンドギャップより予測されるVocよりも低いことである。光吸収係数は高いものの、光吸収層の表面平滑性が低く、また被覆率が低いことが問題点として挙げられる。Ag/Bi系の太陽電池の効率は3～5%に届いたばかりである。鉛フリー型の研究は、精力的に進められているものの、ハロゲン化鉛ペロブスカイトの変換効率と耐久性にはまだ達していない。そのため、ハロゲン化鉛系ペロブスカイト太陽電池のリサイクル、回収についての研究も進められている。とりわけ、ペロブスカイト太陽電池を屋外に設置する場合には、太陽電池が損傷し、風雨にさらされた場合の鉛の流出は、環境と健康などの観点からも、そのリスクを低く抑える必要がある。

2.2　鉛の回収・リサイクルに関する研究例

ペロブスカイト太陽電池の鉛使用量を見積もった上で、様々な対策を行う必要がある。ペロブスカイト太陽電池の特長の一つは、光吸収層が極めて薄いことであり、その厚みは1μm以下である。ペロブスカイト太陽電池は、この鉛を含む1μmの厚みのペロブスカイト層を、電子輸送層と正孔輸送層で挟んだ構造である。光吸収層の1μmの厚さは、一般的なシリコン太陽電池が100μm以上という厚さが必要であることを考えても、ペロブスカイト太陽電池の光吸収層が極めて薄いことがわかる。ここから計算されるペロブスカイト太陽電池に含まれる鉛の量は、1平米あたり1g以下と見積もられる[18]。しかし、土壌中の鉛含有量の基準値の150 mg/kg[19] を考えても、設置したペロブスカイト太陽電池からの鉛の流出を避ける必要がある。そのため、設置したペロブスカイト太陽電池からの鉛のリサイクル、流出を防ぐ方法についての報告も多くなっている。ハロゲン化物鉛ペロブスカイトが溶液塗布により作製可能であるのは、原料が極性溶媒に溶解するからである。一方で、エネルギー変換効率が高いヨウ化鉛ペロブスカイトが水に触れると、すみやかに、ヨウ化鉛へと変化する。印刷塗布法により、低コスト製造が可能である利点は、太陽電池設置後に雨水等で濡れた場合の鉛の流出による健康や環境への影響を及ぼす欠点ともなっている。

鉛の流出を避けるための戦略は大きくわけて二つあげられる。一つは、ペロブスカイト太陽電池の内部に鉛の吸収材料を添加すること、もう一方は、鉛吸収材料で、太陽電池全体をラミネートすることである。前者の方法では、リン酸塩を活用する方法が報告されている[20]。太陽電池のエネルギー変換効率に影響を与えない量のリン酸塩をペロブスカイト層に添加することにより、太陽電池に水等の侵入で、ペロブスカイト層が劣化する際にリン酸塩が鉛イオンに反応して非水溶性のリン酸鉛を形成することで、環境への流出を防止するものである。この方法は、鉛吸収材料を太陽電池の発電層に添加することになるので、鉛の吸収の確実性は向上するが、添加物による光電変換特性への影響がありうる。そのため、添加物によっても変換効率の低下を押さえる条件についての報告がされている。後者の鉛吸収材を含む素材でラミネートする方法は、太陽電池の製造工程を大きく変えることがないという特長がある。シリコン太陽電池においても、エチレンビニルアセテート（EVA）フィルムなどでのラミネートが行われる。このフィルムに鉛吸収層を適用することで、製造されたペロブスカイト太陽電池モジュールの両面にラミネートフィルムを取り付けることが可能となる。このようなアプローチでの耐久性評価では、ラミネートしたペロブスカイト太陽電池を3か月間屋外にさらし、その後ハンマー等で、太陽電池を損傷し、7日間水中に沈める実験が報告され、このような実験で、鉛吸収テープは、99.9％を超える鉛の補足率を実現する結果が示されている[21]。

2.3　製造時における環境配慮

ペロブスカイト太陽電池におけるペロブスカイト層の成膜に用いる前駆体溶液には、鉛が含まれているだけでなく、N,N-ジメチルホルムアミド（DMF）やジクロロベンゼンなどのPRTR法に指定される溶媒を用いることが多い。特に、広く行われている鉛ペロブスカイト成膜の貧溶媒法においては、2.5cm角の基板に成膜する場合にも、スピンコータで、3,000rpm～5,000rpmで回転させている基板の上に、100～1,000μLのクロロベンゼンを滴下する方法であり、有機溶剤の蒸気が拡散することになる。局所排気装置を設置することはもちろんであるが、有機溶剤の揮発を少なくする対策も必要である。これらの有機溶媒の使用を少なくする試みは、実用化にむけたプロセス構築の指針となる。

研究室でのペロブスカイト太陽電池製作において、作業者ができるだけ溶媒蒸気に暴露されないという配慮が求められる。ペロブスカイト太陽電池の成膜では、ドライ環境が必要となることが一般的であるが、我々の研究室では、ドライ環境と局所排気装置を兼ね備えた製造設備の設計を試みた。研究室内に通常設置されるドラフトチャンバーの中に、滴下装置と、加熱ヒータを備えたスピンコータを設置した。このスピンコータは、コンプレッサーと除湿器によって生成したドライエアーを満たす専用ボックスに設置している。さらに、このスピンコータは、ペロブスカイト成膜の操作をリモートコントロールで行えるように工夫した。このことにより、ペロブスカイト成膜での手作業の工程を少なくするだけでなく、ドラフトチャンバー内で、成膜中のドライ環境の維持と溶媒蒸気の排気を行うことで、作業安全性を高めることを目的とした。さらに、貧溶媒法における貧溶媒の滴下のマイクロピペット操作を自動化することで、作業安全性も実現した[22)]。ドライブースやドライチャンバーを導入するのは障壁が高いが、化学実験室でドラフトチャンバーに設置する製造装置により、ペロブスカイト太陽電池の研究の汎用性を高めることがその狙いである。

ペロブスカイト太陽電池の製造における環境配慮について、我々の研究グループで行っている2つの方法について紹介する。一つ目は、水・アルコール系溶媒を用いる方法、二つ目はインクジェット法である。

ヨウ化鉛系ペロブスカイトの成膜法の一つに二段階法（Sequential deposition法）がある。これは、ヨウ化鉛PbI_2を成膜した基板を、ヨウ化メチルアンモニウムCH_3NH_3Iを溶解させた2-プロパノール溶液に浸して引き上げ、ホットプレート上で加熱処理することにより、$CH_3NH_3PbI_3$を成膜する方法である。この方法では、ペロブスカイト膜の成膜のバラつきが比較的小さいために、ペロブスカイト太陽電池の研究の初期では広く検証された。この方法に基づき、鉛源として、水溶性の硝酸鉛（$Pb(NO_3)_2$）を用いることで、硝酸鉛の水溶液を基板上に塗布し、その基板をヨウ化メチルアンモニウムの2-プロパノール溶液を浸して引き上げ、加熱処理することでもペロブスカイトを成膜できる。我々は、この方法で、変換効率13%を報告した。鉛の使用はあるものの、溶媒としては、水とアルコール系溶媒での作製を可能にし、より環境負荷の低い方法であるといえる[23, 24)]。

インクジェット塗布も、溶媒の使用量を低減できる。研究室で一般的に行われるスピンコート塗布では、2.5cm角の基板にペロブスカイト膜を成膜するために、100μL程度の前駆体溶液を用いて、1μm以下の結晶膜を成膜する。実際に必要な溶液量の数十倍以上の体積が、スピンコート成膜時には回転による遠心力により、外側に飛散することになるので、ロスが生じる。しかも、このロスした溶液の中にも鉛が含まれているため、廃棄物の問題も生じる。さらに、スピンコートによる成膜において広く行われている貧溶媒法においては、クロロベンゼンやトルエンのような溶媒を、回転塗布時に飛散させることになる。そのため、貧溶媒法によらない均一な成膜法の実現も求められる。インクジェット法では、基本的に、インクジェットヘッドより吐出した溶液は、基板に着弾すると同時に溶媒が揮発し、ペロブスカイト結晶が析出するため、溶液の使用量を必要最小限にすることができる。インクジェット法では、大面積化への検討においても利点がある。スピンコート法による成膜では、基板のサイズの違いは、溶液の乾燥速度にも直接影響するため、塗布条件に制約のあるペロブスカイトの成膜では、サイズが異なるごとに条件の最適化が必要な場合がある。我々も、基板のサイズを大きくする試みにおいて、ペロブスカイトの前駆体溶液の溶媒組成も変更し、より乾燥が遅くなるような条件とすることで、大面積塗布を行った。一方で、インクジェット法では、吐出させた溶液を着弾直後に乾燥によりペロブスカイト膜を成膜する特長から基板の面積による成膜への影響が少ないといえる。このような考えに基づき、我々の研究室では、ペロブスカイト太陽電池用のインクジェットプリンタを共同開発し、安定した塗膜の形成を、効率よく省資源で、また、有機溶剤の揮発量を押さえて成膜する方法について、研究を進めている[25]。

図２　インクジェット法により成膜したペロブスカイト膜の例（nano tech 2020 にて展示）

3.　実用化に向けた課題

2023年を迎えた現時点で、ペロブスカイト太陽電池を用いた製品が一般消費者の手に届くまでには開発が進んでいない。ペロブスカイトの塗布工程を含めた製造技術の開発ならびに耐久性の向上もさることながら、ペロブスカイト太陽電池を接続する充電回路等の電装部品の開発も必要である。ペロブスカイト太陽電池は、住宅の屋根用に設置する用途と、スマホ等のデバイスの充電の用途では、使用環境が大きく異なる。前者は、例えばDC250V以上の入力のインバータが用いられ、後者では、その対象が5Vで充電を行うリチウムイオン電池となる。すなわち、想定される用途により、ペロブスカイト太陽電池のモジュール設計は大きく異なる。ペロブスカイト太陽電池を活用するターゲットとなるアプリケーションに向けて、ペロブスカイト太陽電池の設計と製造プロセスの構築が求められる。

ペロブスカイト太陽電池の発電の特徴は、低照度においても発電効率が低下しにくいことであり、そのため、屋内環境における小型デバイス用の電源としての期待も大きい。温湿度やCO_2センサー等の環境センサーに対する注目が、コロナ禍で注目される換気の重要性、省エネへの関心から、さらに高まっている。これらの小型センサーは、ボタン電池等で駆動するが、ペロブスカイト太陽電池はこれら屋内電子機器の電池の置き換えが可能となる。通信機能を付加することにより、バッテリー交換の必要ないIoT機器のネットワークの構築も可能である。そのような観点で、ポーランド・サウレテクノロジーズ（Saule Technologies）では、小売店向けの電子商品タグ等の提供を発表している[26]。国内では、エネコートテクノロジーズが、バッテリーレスのCO_2センサーを発表している[27]。ペロブスカイト太陽電池の信頼性を高める技術が、小型機器用の開発で醸成されることにより、大型モジュールの製造に結びつくこととなる。

ペロブスカイト太陽電池は、薄型軽量である特徴から、シリコン太陽電池よりも、より生活に密着した形で利用されることになる。IoT機器への応用に続いて、住宅の窓や壁、カーポートへの設置など、従来のシリコン太陽電池では設置できなかった場所に使われることになる。または、日常生活ではバッテリー切れが気になるようなスマホへの充電も、もちろん考えられる。太陽電池は、光があるところでは、どこでも電力を生み出すことができる点で、タービン等の可動部品が必要な発電方式と異なる特徴がある。ペロブスカイト太陽電池が普及することにより、生活者は、これまでよりもエネルギーを身近に感じることになるはずである。自分たちの身近で発電した電力で、日常生活を支えていくことになれば、サステイナブルな社会への行動変容につながる。ペロブスカイト太陽電池の実用化と普及には、社会環境の整備への意識の高まりも、一つの重要な要素である。

おわりに

本稿では、ペロブスカイト太陽電池の実用化に向けた課題である環境対応と実用化の課題について紹介した。環境対応に関しては、鉛の使用が問題として挙げられる事が多いが、製造時における溶媒の使用や湿度環境への対応も、あわせて必要であることの事例を挙げた。製造時の環境配慮により、ペロブスカイト太陽電池のライフサイクルでの環境負荷の低減もあわせて考慮することで、社会実装への道筋をつけていく必要性がある。

ペロブスカイト太陽電池が、生活者に近い発電デバイスとして、社会の需要なインフラとなり、そのことが我々自身の行動変容を促し、サステイナブルな社会に貢献するものとなることを目指して研究を進めていく。

謝辞

桐蔭横浜大学特任教授・宮坂力先生には、ペロブスカイト太陽電池の基礎から社会実装などさまざまな観点からご助言をいただきました。ここに感謝いたします。

参考文献

1）東京都議会、都内に新築される住宅に太陽光パネルの設置を義務化するための条例の改正案、2022年12月15日
2）NEDOグリーンイノベーション基金事業、次世代太陽電池の開発、2021年12月28日
3）A. Kojima, K. Teshima, Y. Shirai, and T. Miyasaka, J. Am. Chem. Soc., 2009, 131, 6050-6051
4）Y. Zhao, et. al, Science, 377, 531 (2022) DOI:10.1126/science.abp8873
5）M. J. Jeong, Joule, 7, 18 (2023) DOI:10.1016/j.joule.2022.10.015
6）A. K. Jena, A. Kulkarni, T. Miyasaka, Chem. Rev. 2019, 119, 5, 3036–3103
7）T. Miyasaka, Bull. Chem. Soc. Jpn., 2018, 91, 1058-1068
8）K. Tanaka, T. Takahashi, T. Ban, T. Kondo, K. Uchida, and N. Miura: Solid State Commun. 127, 619 (2003)
9）K. Miyano, N. Tripathi, M. Yanagida, and Y. Shirai: Acc. Chem. Res. 49, 303 (2016)
10）Liu, M., Johnston, M. & Snaith, H. Nature 501, 395–398 (2013)
11）T. Singh and T. Miyasaka: Adv. Energy Mater. 8, 1700677 (2018)
12）M. Saliba, T. Matsui, K. Domanski, J. Y. Seo, A. Ummadisingu, S. M. Zakeeruddin, J. P. Correa-Baena, W.R. Tress, A. Abate, A. Hagfeldt, and M. Grätzel: Science 354, 206 (2016)
13）S. H. Turren-Cruz, A. Hagfeldt, and M. Saliba: Science 362, 449 (2018)
14）T. Miyasaka, A. Kulkarni, G. M. Kim , S. Oez, and A. K. Jena, Adv. Energy Mater., 2019, 1902500
15）K. Nishimura, M. A. Kamarudin, D. Hirotani, K. Hamada, Q. Shen, S. Iikubo, T. Minemoto, K. Yoshino, and S. Hayasea: Nano Energy 74,104858 (2020)
16）T. Miyasaka, A. Kulkarni, G. M. Kim, S. Oez, and A. K. Jena: Adv. Energy Mater. 10, 1902500 (2019)
17）A. Kulkarni, A. K. Jena, M. Ikegami, and T. Miyasaka: Chem. Comm. 55, 4031 (2019)
18）N.-G. Park, M. Gratzel, T. Miyasaka, K. Zhu, and K. Emery: Nat. Energy, 1, 16152 (2016)
19）土壌汚染対策法における環境基準
20）Endre Horváth, ACS Appl. Mater. Interfaces, 13, 29, 33995–34002 (2021)
21）Xun Li, Nature Sustainability 4,1038–1041 (2021)
22）平成31年度産学公連携実用化促進研究採択課題、神奈川県立産業技術総合研究所
23）T.-Y. Hsieh, T.-S. Su, M. Ikegami, T.-C. Wei, and T. Miyasaka, Materials Today Energy, 2018, 14, 100125
24）T.-Yu Hsieh, T. C. Wei, K.-L. Wu, M. Ikegami, and T. Miyasaka, Chem. Commun., 2015, 51, 13294-13297
25）戸邉智之ら、第79回応用物理学会秋季学術講演会、20p-PB4-25(2018)
26）サウレテクノロジーズ（Saule Technologies）https://sauletech.com/product/
27）エネコートテクノロジーズ　2022年3月8日　プレスリリース

第1章　ペロブスカイト太陽電池の最新開発事例と成膜技術・環境対応・鉛フリー化

第2節　ペロブスカイト太陽電池の開発と炭素電極の活用・耐久性向上

兵庫県立大学　辻　流輝・伊藤　省吾

はじめに

兵庫県立大学材料電気化学研究室では、次世代のエネルギー変換デバイスおよびその周辺材料の研究開発を行なっている。特に、次世代太陽電池として期待されるペロブスカイト太陽電池や、水素エネルギー社会の実現に必要な水電解セル、燃料電池などについて、材料からデバイスまで幅広い研究開発を展開している。本稿では、その中でも、炭素電極を用いたペロブスカイト太陽電池について紹介する。

1.　ペロブスカイト太陽電池の問題点

一般的な薄膜型のペロブスカイト太陽電池の構造は、光入射側から、〈導電性ガラス基板／電子輸送層／ペロブスカイト層／正孔輸送層／金属電極〉となっている。このうち、正孔輸送層にはSpiro-OMeTADをはじめとする高価な有機材料が、金属電極には金および銀の貴金属が用いられている。これら材料のコストにも課題があるとされるが、最も注意すべきはその安定性が低い事である。空気中の水分や酸素などの影響により、光吸収材料のペロブスカイト結晶材料（有機鉛ハロゲン）は正孔輸送層および金属電極と反応し、太陽電池素子が著しく劣化するといった課題がある。多くの研究者は、これを解決するために、反応し得る層の界面を別の材料でコーティングする、あるいは、材料自体を不活性化するなどのアプローチを行なってきた。いくつかの研究グループでは、これらのアプローチに成功し、光電変換効率が20％以上を維持しながら、高い安定性を有する素子を実現している。しかしながら、高い効率と高い安定性を備えたペロブスカイト太陽電池の作製には、クリーンルームや低湿度のドライルームといった特殊な作製環境が必要な場合が多く、設備・プロセスコストが大幅にかかることになる。

2.　炭素電極ペロブスカイト太陽電池の実用化に向けた研究開発

2.1　炭素電極を用いたペロブスカイト太陽電池

これらの問題点を解決するために、高価で不安定な有機材料と金属電極を炭素電極に置き換えたペロブスカイト太陽電池がある。この太陽電池は、2013年に華中科技大学（中国 武漢）のHongwei Han教授によって初めて開発された[1, 2]。私達はその炭素電極ペロブスカイト太陽電池を、その構造的特徴から、多層多孔質層状電極型ペロブスカイト太陽電池（Multi-Porous-Layered-Electrode Perovskite Solar Cells：MPLE-PSCs）と呼んでいる（図1）。薄膜型とカーボン型の耐久性を比較した研究では[3]、薄膜型が100時間ほどで効率が著しく低下するのに対し、カーボン型は1,000時間経っても初期効率の殆どを維持するなど、開発当初から非常に高い安定性を有することが報告されてきた。

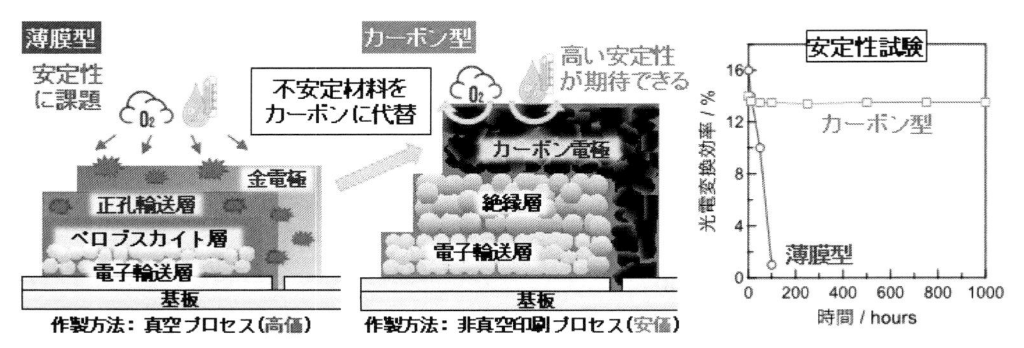

図1　薄膜型とカーボン型ペロブスカイト太陽電池の比較

一般的なMPLE-PSCsの構造は、光入射側から、〈導電性ガラス基板／多孔質電子輸送層＋ペロブスカイト結晶／多孔質絶縁層＋ペロブスカイト結晶／多孔質カーボン層＋ペロブスカイト結晶〉となっている。特徴としては、全ての層が多孔質材料であり、その全ての多孔質材料の空隙にペロブスカイト結晶が充填されている点である。多孔質電子輸送層には酸化チタン、多孔質絶縁層には酸化ジルコニウムや酸化アルミニウムが用いられている。MPLE-PSCsの各多孔質層は、粒子、有機バインダー、高粘性溶媒を混合したペースト材料を、スクリーン印刷と呼ばれる塗布技術によって基板上に印刷し、高温（400～500℃）で焼成することで、有機バインダーと高粘性溶媒を蒸発させ、多孔質層が完成する。そして、カーボン電極上からペロブスカイト前駆体溶液を滴下･浸透させ、加熱乾燥に伴う溶媒の除去を経て多孔質層内にペロブスカイト結晶を充填し、太陽電池素子が完成する（図2）[4]。

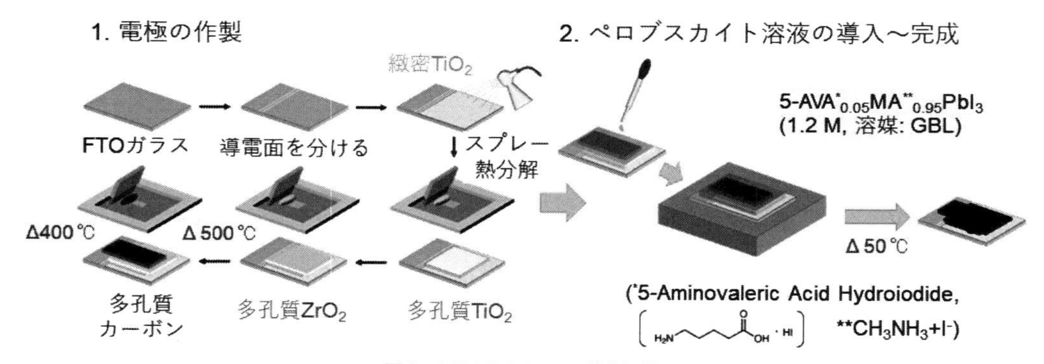

図2　MPLE-PSCsの作製手順

2.2　炭素電極を用いたペロブスカイト太陽電池の利点と課題

MPLE-PSCsは、殆どの作製工程を特別な環境でない、通常の大気下で実施可能である（ペロブスカイト前駆体溶液を調液する工程のみ、グローブボックスの中で実施）。そのため、製造コストを抑えることができ、産業上非常に有利である。また、特別な環境を必要としないため、どこでも作製可能である点は大きな利点である。薄膜型との比較では、高価な有機材料や金属電極を用いず、地球に豊富な炭素だけを用いるため、材料コストにおいても大きなアドバンテージがある（図3）。そして、真空蒸着などのバッチ式真空プロセスを使用せずに、完全大気下での大面積作製可能なスクリーン印刷プロセスで製造可能である。さらにこの炭素電極が空気中の水分や酸素に対して不活性であり、発電層へのこれらの外的要因の侵入をブロックすることから、非常に高い安定性を有する。MPLE-PSCsに関する論文はこれまでに数100報ほど報告されているが、そのうちの多くの論文において、高い安定性を示す実験結果が掲載されており、作製環境に依らず再現性が高いことが伺える。実際に、大面積モジュールに関する報告も多数あり、実用化は近いと考えられる。一方で、薄膜型と比較して光電変換効率が低いという課題がある。2022年現在、薄膜型の世界トップ効率は25％以上であり、多くの発表論文で20％以上が報告されている。ペロブスカイト太陽電池の利点の一つが、シリコン太陽電池に匹敵するこの高い効率である。しかし、MPLE-PSCsでは世界トップ効率は18.8％にとどまっており[5)]、多くの発表論文では17％以下の報告が多く、薄膜型と比較して低い水準となっている。

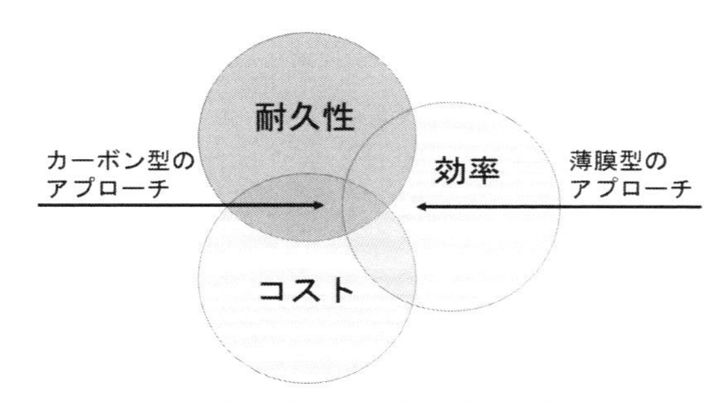

図3　太陽電池の実用上重要な三大要素

これにはいくつかの要因が考えられる。まず、炭素電極を使用する点である。薄膜型では導電性の高い金属電極が用いられるのに対し、炭素電極は金属電極と比較して導電性が数百分の一と低い。そのため、生成した電荷の移動抵抗が大きくなり、太陽電池のパラメータとしては曲率因子（フィルファクター）が低くなる。次に、正孔輸送層が確立されていない点である。これまで報告されてきたMPLE-PSCsに関する多くの論文では、正孔輸送層のないものが多い。これは、炭素電極が背面電極としての役割に加えて正孔抽出・輸送の役割も担うことができるためである。これを、電極を一つ減らすことで製造プロセスが煩雑にならないことをアピールした「正孔輸送層フリー」と銘打った論文も多数存在している。しかし、当研究室では正孔輸送層が存在する方が、太陽電池性能が高くなるという実験結果を得ている。詳しくは2.3にて述べるが、絶縁層と炭素電極の間、もしくは炭素電極内に正孔抽出・輸送能力を有するp型半導体材料（例 酸化ニッケルなど）を導入することで、生成した正孔を選択的・効率的に抽出・輸送することができると考えられる。しかし、正孔輸送層については、どの材料が良いか、どのように導入するのが最適かは未だ確立されておらず、議論が必要である。また、多孔質層内に充填されるペロブスカイト結晶にも改善の余地がある。ペロブスカイト太陽電池において、ペロブスカイト結晶の大きさは、太陽電池性能に影響を与えることが報告されている。一般的に、結晶サイズが小さいほど、結晶粒間の界面である粒界が多くなる。この粒界は電荷移動の障壁およびエネルギー失活サイトになる為、少ない方が良いとされている。しかし、MPLE-PSCsではナノ粒子によって形成されるナノ多孔質空間にペロブスカイト結晶が充填されているため、結晶を大きく成長させることが難しい。その結果、粒界が多くなり、太陽電池パラメータとしては開放電圧（V_{OC}）が低くなる[6]。実際に、薄膜型はV_{OC}が1.0 V以上あるのに対し、MPLE-PSCsでは1.0 V以下と低い。これは、MPLE-PSCsの構造的な問題であるため、改善には新たなアイデアが必要となるだろう。このように、MPLE-PSCsの光電変換効率には未だ課題があるとされ、研究者の一つの目標は実験室サイズの素子で20％、モジュールサイズで18％の効率を達成することにある。モジュールサイズで18％の効率を達成できれば、実用化に大きく近づくことができると考えられる。

2.3　炭素電極を用いたペロブスカイト太陽電池の高性能化

MPLE-PSCsの高性能化に向けたアプローチについて、当研究室で得られた研究成果をもとに紹介する。我々は、MPLE-PSCsには正孔輸送材料が必要であると考え、その材料としてp型半導体である酸化ニッケルに注目した。酸化ニッケルは地球に豊富な材料であり、薄膜型ペロブスカイト太陽電池においてもよく使用される材料で、ペロブスカイト結晶との親和性も高いことも魅力である。これまでに、MPLE-PSCsへの酸化ニッケルの適用方法として、二つの手法が検討されていた。一つは、絶縁層とカーボン層の間に多孔質な酸化ニッケル層を挿入する方法（m-NiO）で、もう一つは、カーボン層内に酸化ニッケル粒子を混ぜ込む方法（NiO-C）である（図4）。

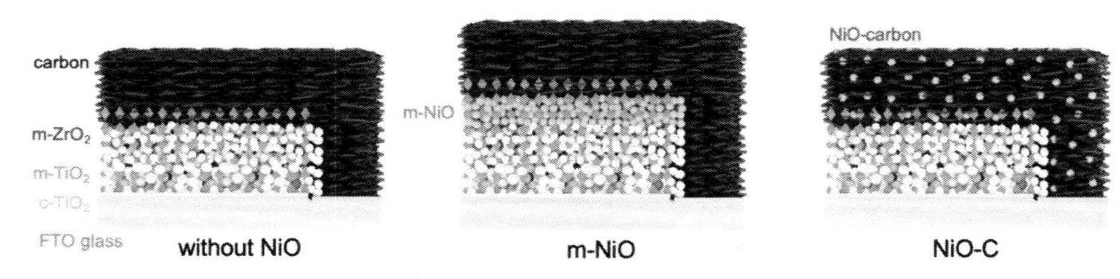

図4　正孔輸送材料としての二種類のNiOの導入方法

我々は、この二つの手法がどのようにMPLE-PSCsの性能に影響を及ぼすかを調査した。その結果、酸化ニッケルを層（m-NiO）として導入した場合、正孔の効率的な抽出・輸送が可能となり、電流損失を低減させることができ、短絡電流密度（J_{SC}）が改善することがわかった。一方で、酸化ニッケルを炭素電極に混ぜ込んだ（NiO-C）場合、電極の価電子帯の状態密度に変化が生じ、開放電圧（V_{OC}）が改善することがわかった。また、酸化ニッケルを導入しない場合は効率が13％であったのに対し、m-NiOとNiO-Cを同時に導入した場合、これら双方の効果を同時に発現することができ、効率を15.3％まで改善することができた。他にも、炭素電極中のグラファイト粒子やカーボンブラックの大きさや混合比率をコントロールすることで、高い導電性を有する炭素電極の開発などを実施し[7, 8]、MPLE-PSCsの高性能化を目指した研究を展開している。最近では、MPLE-PSCsの封止技術を確立することで、高温高湿度（85℃―85％RH）試験で世界最長となる3,000時間以上の耐久信頼性を確認し、これは屋外環境20年相当の寿命（耐久性）を持つものと考えられる[9]。さらに、共同研究先の企業と連携し、大型モジュールの作製も同時に進めている（図5）。本太陽電池の基礎的な研究と、実用化に向けた開発の双方からアプローチを続けることで、商業化に近づけることができると考えられる。

図5　MPLE-PSC太陽電池モジュール

2.4.　炭素電極を用いたペロブスカイト太陽電池のリサイクル性

既存のシリコン太陽電池は、リサイクルが難しいため、使用後はそのほとんどの部分を破棄するしかない。今後の新たな太陽電池開発において、リサイクル性検討は非常に重要である。ペロブスカイト太陽電池についても、リサイクル性に関する論文が多数報告されており、鉛の有毒性は問題であるものの、リサイクルは可能であると考えられている。ここでは、MPLE-PSCsのリサイクル性について考える。MPLE-PSCsを実際の太陽光発電に利用した場合、光吸収材料であるペロブスカイト結晶が主に劣化すると考えられる。この劣化したペロブスカイト結晶を多孔質層状電極から上手く洗い流すことができれば、ペロブスカイト結晶を充填する前の多孔質層状電極のみの状態に戻すことができる。ドイツの研究所フラウンホーファーISEの研究者らは、劣化したMPLE-PSCs素子をメチルアミンとエタノールの混合浴に浸すことで、劣化したペロブスカイト結晶を液化し、多孔質層内から除去することに成功している[10]。その際、炭素電極もエタノールによって溶かされるため、〈導電性ガラス基板／電子輸送層／絶縁層〉のみが残る。これを400℃で焼成することで、完全にペロブスカイト結晶と炭素を排除することができ、再度、炭素電極を印刷・焼成し、ペロブスカイト前駆体を導入・加熱乾燥させることで太陽電池の大部分をリサイクルした状態で素子を再作製することが可能となる。論文では、再作製した素子が、初期の素子性能の92％を維持することに成功しており、リサイクル性の高さを示している。このようにMPLE-PSCsのリサイクルは特殊な設備を必要としないため、既存のシリコン太陽電池のリサイクルに比べて非常に容易であると考えられる。

おわりに

ここでは、炭素電極を用いたペロブスカイト太陽電池MPLE-PSCsについて紹介した。本太陽電池は薄膜型のペロブスカイト太陽電池と比較して、研究者が少なく、世界でも10数チームほどしかいない。しかし、多くのチームから高い耐久性が報告されており、また大面積モジュールの研究も進められている。MPLE-PSCsの光エネルギー変換効率がさらに向上すれば一気に実用化される可能性が高く、今後の研究開発の進展を期待したい。

参考文献

1) Z. Ku, Y. Rong, M. Xu, T. Liu, H. Han, *Scientific Reports*, 3 (1), 1-5 (2013)

2) A. Mei, X. Li, L. Liu, Z. Ku, T. Liu, Y. Rong, M. Xu, M. Hu, J. Chen, Y. Yang, M. Grätzel, H. Han, *Science*, 345 (6194), 295-298 (2014)

3) S. Mali, H. Kim, J. V. Patil, C. K. Hong, *ACS Applied Materials & Interfaces*, 10, 31280-31290 (2018)

4) R. Tsuji, D. Bogachuk, B. Luo, D. Martineau, E. Kobayashi, R. Funayama, S. Mastroianni, A. Hinsch, S. Ito, *Electrochemistry*, 88 (5), 418-422 (2020)

5) S. Liu, D. Zhang, Y. Sheng, W. Zhang, Z. Qin, M. Qin, S. Li, Y. Wang, C. Gao, Q. Wang, Y. Ming, C. Liu, K. Yang, Q. Huang, J. Qi, Q. Gao, K. Chen, Y. Hu, Y. Rong, X. Lu, A. Mei, H. Han, *Fundamental Research*, 2 (2), 276-283 (2022)

6) D. Bogachuk, B. Yang, J. Suo, D. Martineau, A. Verma, S. Narbey, M. Anaya, K. Frohna, T. Doherty, D. Müller, J. P. Herterich, S. Zouhair, A. Hagfeldt, S. D. Stranks, U. Würfel, A. Hinsch, L. Wagner, *Advanced Energy Materials*, 12 (10), 2103128 (2022)

7) R. Tsuji, D. Bogachuk, D. Martineau, L. Wagner, E. Kobayashi, R. Funayama, Y. Matsuo, S. Mastroianni, A. Hinsch, S. Ito, *Photonics*, 7 (4), 133 (2020)

8) D. Bogachuk, R. Tsuji, D. Martineau, S. Narbey, J. P. Herterich, L. Wagner, K. Suginuma, S. Ito, A. Hinsch, *Carbon*, 178, 10-18 (2021)

9) E. Kobayashi, R. Tsuji, D. Martineau, A. Hinsch, S. Ito, *Cell Reports Physical* Science, 2 (12), 100648 (2021)

10) D. Bogachuk, P. V. D. Windt, L. Wagner, D. Martineau, S. Narbey, A. Verma, J. Lim, S. Zouhair, M. Kohlstädt, A. Hinsch, S. Stranks, U. Würfel, S. Glunz, *Research Square*, (2022)

第１章　ペロブスカイト太陽電池の最新開発事例と成膜技術・環境対応・鉛フリー化

第3節　ペロブスカイト太陽電池の新規有機ホール輸送材料の開発と耐久性向上

産業技術総合研究所　小野澤　伸子

はじめに

近年、脱炭素社会の実現に向けた社会的要請をうけて、さらなる太陽光発電の導入拡大が求められている。一方で、シリコン系の太陽電池など、従来の太陽光発電は材料を輸入に頼るなどの課題があり、さらなる低コスト化が期待されている。また今後は、これまで設置が困難であった建物の壁や窓、耐荷重の低い工場屋根等にも設置が可能な新しい超軽量太陽電池の設置が求められている。

ペロブスカイト太陽電池は、シリコン系の太陽電池に必要な半導体の処理の設備やプロセスが不要であり、原料となる材料を塗布や印刷等により積層させて製造することが可能であるため、低コスト化が実現できる太陽電池として期待されている[1, 2]。現在1平方センチメートル程度の研究用セルにおいては25％以上の光電変換効率に関する報告例も得られていることから、高効率・低コストを可能にする次世代太陽電池であると考えられている。また、従来型の太陽電池よりも薄く、フィルム化が可能であり、さらに、曲げ等の歪に強いという特性を持つため、曲面にも設置が容易である。このため、ペロブスカイト太陽電池は、これまで設置が困難だった場所へも導入可能となるなど、発電の場所を大幅に拡大できる新しい超軽量の太陽電池としても期待されている[3, 4]。

1.　ホール輸送材料の研究動向

ペロブスカイト太陽電池は有機と無機の材料で作られるペロブスカイト結晶から成るペロブスカイト層が電子輸送層とホール輸送層に挟まれた構造を有している[5]。ペロブスカイト結晶が光を吸収し、その光エネルギーで負電荷の電子と正電荷のホールがペロブスカイト結晶層内で生成する。電子を、電子輸送層を通して外部電極に取り出し、ホールを、ホール輸送層を通して外部電極に取り出すことで電流と電圧が発生し、光を電気に変換することができる。

一般的なペロブスカイト太陽電池の構造として知られているn-i-p型ペロブスカイト太陽電池は、透明導電極、電子輸送層、発電層（ペロブスカイト）、ホール輸送層、裏面電極からなる。それらの中でもホール輸送層はペロブスカイト太陽電池がより高い発電効率を達成する上で重要な役割を占めている。なぜなら高い発電効率を得るためには、ホール輸送層がペロブスカイトからホールを効率よく抽出し、電荷の再結合を低減した上で金属電極まで運ぶ必要があるからである[6-10]。

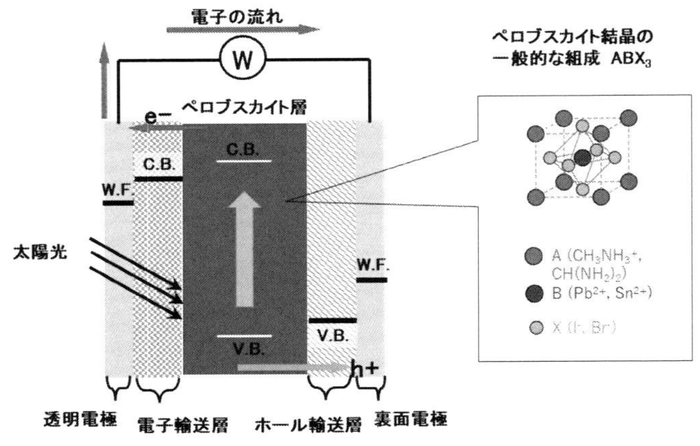

図1 ペロブスカイト太陽電池の概略図

ペロブスカイト太陽電池に使われるホール輸送材料のうち有機物によるものを有機ホール輸送材料といい、一般的には無機材料よりも高い性能が期待される。また、有機ホール輸送材料として知られているSpiro-OMeTAD（2,2',7,7'-tetrakis（*N*,*N*-di-*p*-methoxyphenylamino）-9,9'-spirobifluorene）（図2）は、ペロブスカイト太陽電池の研究が初期の頃から現在に至るまで最も広く使用されており、25％以上の高効率として報告されたペロブスカイト太陽電池のホール輸送材料として使われた例も多い[11-13]。Spiro-OMeTADの特徴は、バンドギャップが広く、ペロブスカイトとのエネルギーレベルの差が適切であること[14]、ガラス転移点が高く安定なアモルファス状態の維持が可能であることなどが挙げられる[15-17]。また、有機ホール輸送材料の多くは4-*tert*-ブチルピリジン（TBP）、リチウムビス（トリフルオロメチルスルホニルイミド（LiTFSI）、コバルト錯体（FK209）などのドーパント（図3）と呼ばれる添加剤を加えることによって､ホールを動きやすくし、高い性能を得るということが知られている[18]。一方、これらのドーパント類が熱や光、湿気に対するペロブスカイトの耐久性を低下させる原因となることも指摘されているため、ドーパントを添加せずに高い性能が得られるホール輸送材料の開発が期待されていた[6, 19]。

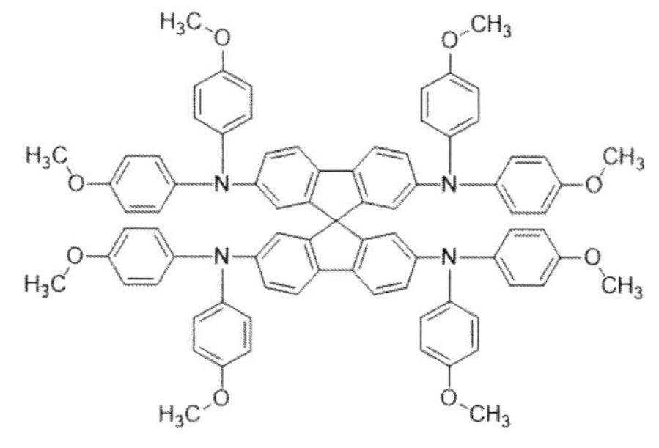

図2 Spiro-OMeTADの構造式

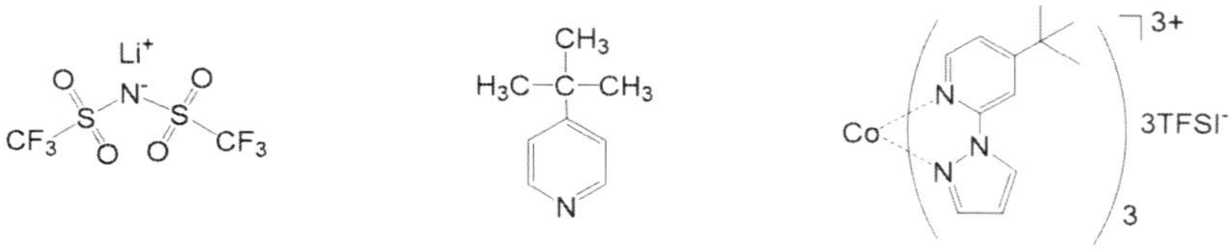

LiTFSI

Lithium bis(trifluoromethylsulfonyl)imide

TBP

4-*tert*-Butyl-pyridine

FK209

Tris[2-(1H-pyrazol-1-yl)-4-*tert*-butylpyridine]cobalt(III) tris[bis(trifluoromethylsulfonyl)imide]

図3　ホール輸送材料の一般的なドーパント

1.1　ドーパントフリーホール輸送材料の研究動向

ペロブスカイト太陽電池の高効率化に伴い、実用化が視野に入ると、安定性、及び耐久性に関する研究が注目されるようになってきた[20-22]。その中で、ドーパントフリーのホール輸送材料の開発が注目されるようになり、これまでに有機低分子[22-24]、金属錯体[25-27]、共役系高分子[28-30]、無機化合物[31-33]などがペロブスカイト太陽電池のドーパントフリーホール輸送材料として報告されている。しかし、Spiro-OMeTADと同じスピロビフルオレンコア構造を持つスピロタイプのドーパントフリーホール輸送材料は比較的報告例が少ない。一方、ホール移動度を上げるためにフルオレン部位を酸素、窒素、硫黄などのヘテロ原子を含む別の環状ユニットに置換するなど、コア構造の変換も検討されてきたが、このような場合、合成が複雑になることが多いことが知られている[34]。

1.2　スピロ型ドーパントフリーホール輸送材料

筆者らは、ホール輸送材料の骨格分子を効率的に合成する技術と経験を有している日本精化株式会社との共同研究により新規な有機ホール輸送材料（**SF48**：図4）の開発を行った[35]。この化合物はSpiro-OMeTADと同じスピロビフルオレンコア構造を持ち、約300℃まで加熱しても分解することなく非常に安定な化合物である。Spiro-OMeTADは、OMe基を有するのに対し、**SF48**は、電子供与性が高い$N(CH_3)_2$基を持ち、さらに分子の中心に近い位置に、電子吸引性が高いCN基を有することで、ホール輸送材料内部の電子が広く動けるようになったと考えられる。図5にSpiro-OMeTAD、**SF48**を含めたエネルギーバンドギャップ図を示した。**SF48**のHOMOレベルはSpiro-OMeTADのそれとほぼ同じであり、ペロブスカイトからホールを受け取るのに適した位置にあることがわかる。以上の性質から我々は**SF48**がドーパントなしでもペロブスカイト太陽電池のホール輸送材料として機能するのではないかと考えて検討を行った。

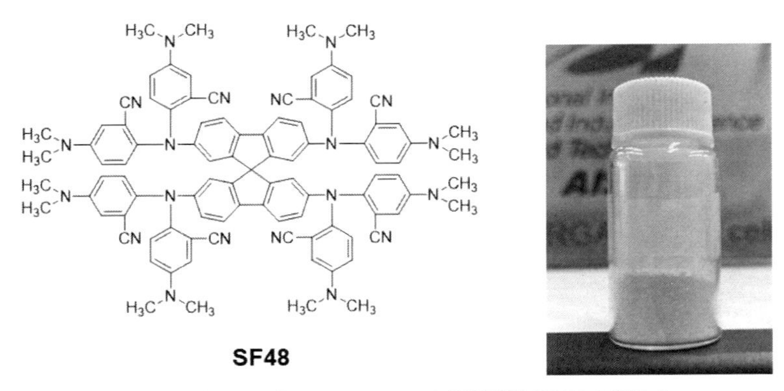

図4　新規ドーパントフリーホール輸送材料SF48の構造式

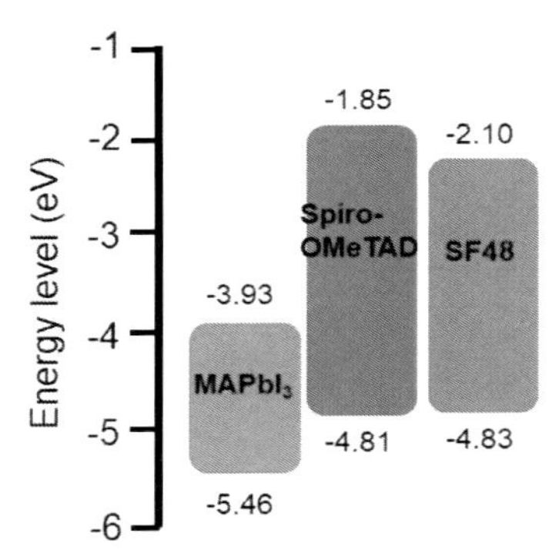

図5　エネルギーバンドギャップ図

そこでドーパントフリーの**SF48**をホール輸送材料として用いたペロブスカイト（$MAPbI_3$）太陽電池（図6）を作製したところ、光電変換効率がドーパントフリーのSpiro-OMeTADから3割程度向上し、16.3%となることがわかった。更に**SF48**を、より高い電圧が期待されるペロブスカイト［$Cs_{0.05}(FA_{0.85}MA_{0.15})_{0.95}Pb(I_{0.89}Br_{0.11})_3$］と組み合わせて、太陽電池を作製したところ、変換効率18.7%が得られた（図7）。この値はドーパントありのSpiro-OMeTADを用いて作成したペロブスカイト太陽電池の効率と同程度の値である。また**SF48**は一般的なホール輸送材料（厚さ100～200 nm）と比べて薄膜化（同30～50 nm）が可能であり、より少ない材料で成膜できることから低コスト化にもつながると考えられる（図8）。

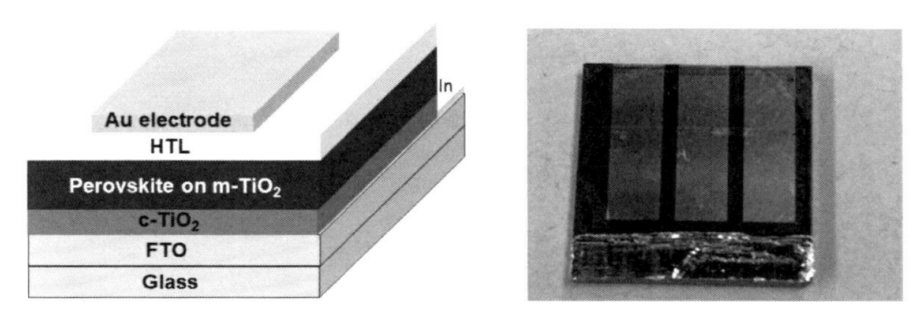

図6　ペロブスカイト太陽電池（右）とペロブスカイト太陽電池のセル構造（左）

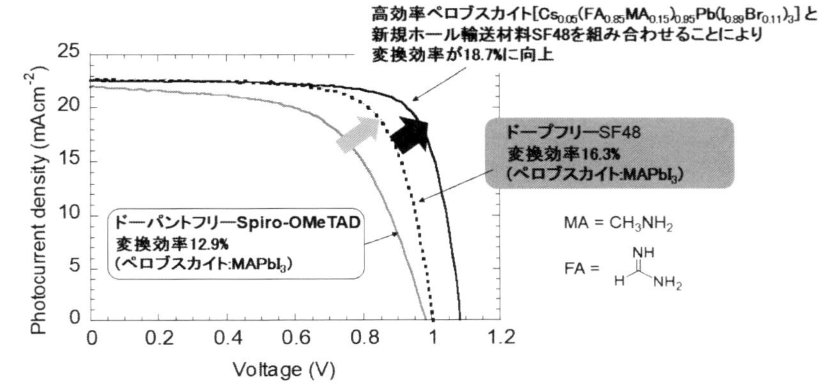

図7　ドーパントフリーのSpiro-OMeTADとSF48をそれぞれホール輸送材料として用いたペロブスカイト($MAPbI_3$)太陽電池（面積0.119 cm^2）の電流電圧特性

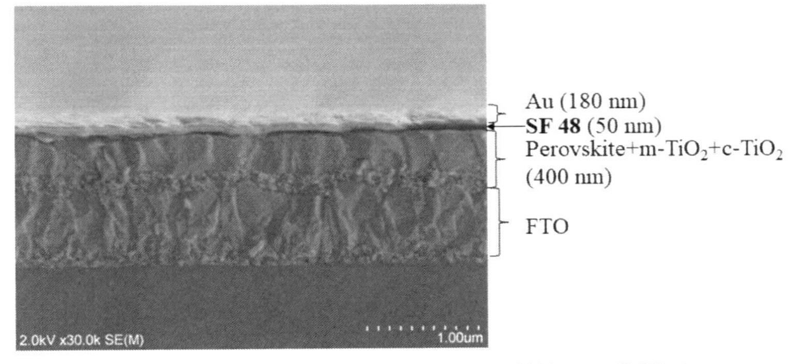

図8　ドーパントフリー SF48をホール輸送材料として作製したペロブスカイト太陽電池の断面SEM画像

1.3　ペロブスカイト太陽電池の熱的安定性

さらに、**SF48**を用いて作製したペロブスカイト太陽電池の熱的安定性について評価した。作製した太陽電池を未封止の状態で耐久性試験の一つである85℃の状態で保ち、数日おきに取り出して太陽電池特性を評価した。ドーパントありとなしのSpiro-OMeTADを用いて作成したペロブスカイト太陽電池と比較した耐熱試験の結果を図9に示した。**SF48**を用いて作製したペロブスカイト太陽電池の初期性能が1,000時間ほぼ維持され、高い耐熱性が得られることがわかった。一方、ドーパントありSpiro-OMeTADを用いて作成したペロブスカイト太陽電池は急速に効率が低下し、ドーパントフリーのSpiro-OMeTADを用いて作成したペロブスカイト太陽電池の効率は初期効率が低い結果となった。従って、この新規ホール輸送材料**SF48**はペロブスカイト太陽電池の変換効率の向上と耐久性向上に寄与すると考えられる。

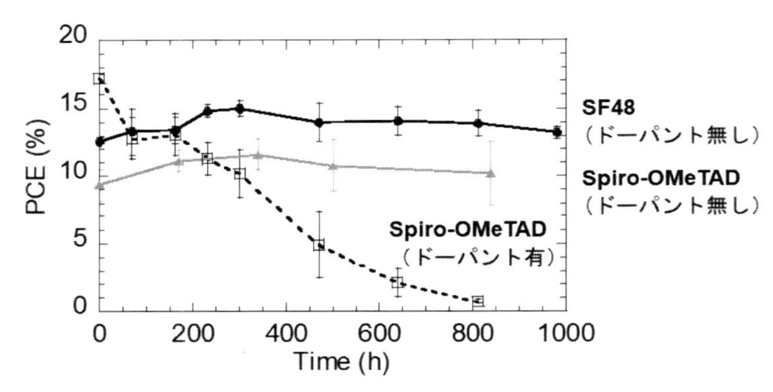

図9　ペロブスカイト太陽電池の耐熱性試験（85℃、未封止）の結果

おわりに

本研究は、新規ホール輸送材料（**SF48**）が、ドーパントなしでもペロブスカイト太陽電池のホール輸送材料として機能し、高効率と高耐熱性を与えることを紹介した。ホール輸送材料のドーパントはペロブスカイト太陽電池の劣化を促進する要因の一つであると考えられており、**SF48**はそれらを加えなくても機能するホール輸送材料であることを示した。耐久性についてはさらなる耐熱性の向上に加えて、耐湿性や耐光性試験によって実用に資する長期安定性を目指していきたいと考えている。また、ペロブスカイト組成の最適化や劣化抑制技術、封止技術の導入などについても検討している。

参考文献

1）N. J. Jeon, J. H. Noh, W. S. Yang, Y. C. Kim, S. Ryu, J. Seo and S. Il Seok, Nature 517, 476 (2015).

2）M. M. Lee, J. Teuscher, T. Miyasaka, T. N. Murakami and H. J. Snaith, Science. 338, 643 (2012).

3）R. F. Service, Science. 344, 458 (2014).

4）M. Kaltenbrunner, G. Adam, E. D. Głowacki, M. Drack, R. Schwödiauer, L. Leonat, D. H. Apaydin, H. Groiss, M. C. Scharber, M. S. White, N. S. Sariciftci and S. Bauer, Nat. Mater. 14, 1032 (2015).

5）A. Kojima, K. Teshima, Y. Shirai and T. Miyasaka, J. Am. Chem. Soc. 131, 6050 (2009).

6）L. Calió, S. Kazim, M. Grätzel and S. Ahmad, Angew. Chemie Int. Ed. 55, 14522 (2016).

7）J. Urieta-Mora, I. García-Benito, A. Molina-Ontoria and N. Martín, Chem. Soc. Rev. 47, 8541 (2018).

8）C. H. Teh, R. Daik, E. L. Lim, C. C. Yap, M. A. Ibrahim, N. A. Ludin, K. Sopian and M. A. Mat Teridi, J. Mater. Chem. A4, 15788 (2016).
9）A. Krishna and A. C. Grimsdale, J. Mater. Chem. A5, 16446 (2017).
10）P. Mahajan, B. Padha, S. Verma, V. Gupta, R. Datt, W. C. Tsoi, S. Satapathi and S. Arya, J. Energy Chem. 68, 330 (2022).
11）G. Kim, H. Min, K. S. Lee, D. Y. Lee, S. M. Yoon and S. Il Seok, Science. 370, 108 (2020).
12）H. Lu, Y. Liu, P. Ahlawat, A. Mishra, W. R. Tress, F. T. Eickemeyer, Y. Yang, F. Fu, Z. Wang, C. E. Avalos, B. I. Carlsen, A. Agarwalla, X. Zhang, X. Li, Y. Zhan, S. M. Zakeeruddin, L. Emsley, U. Rothlisberger, L. Zheng, A. Hagfeldt and M. Grätzel, Science. 370, eabb8985 (2020).
13）Y. Zhao, F. Ma, Z. Qu, S. Yu, T. Shen, H. X. Deng, X. Chu, X. Peng, Y. Yuan, X. Zhang and J. You, Science. 377, 531 (2022).
14）G. Ren, W. Han, Y. Deng, W. Wu, Z. Li, J. Guo, H. Bao, C. Liu and W. Guo, J. Mater. Chem. A 9, 4589 (2021).
15）J. Burschka, A. Dualeh, F. Kessler, E. Baranoff, N.-L. Cevey-Ha, C. Yi, M. K. Nazeeruddin and M. Grätzel, J. Am. Chem. Soc. 133, 18042 (2011).
16）H. J. Snaith, A. J. Moule, C. Klein, K. Meerholz, R. H. Friend and M. Grätzel, Nano Lett. 7, 3372 (2007).
17）J. Dewalque, P. Colson, G. K. V. V. Thalluri, F. Mathis, G. Chêne, R. Cloots and C. Henrist, Org. Electron. 15, 9 (2014).
18）M.-C. Jung, S. R. Raga, L. K. Ono and Y. Qi, Sci. Rep. 5, 9863 (2015).
19）X. Yin, Z. Song, Z. Li and W. Tang, Energy Environ. Sci. 13, 4057 (2020).
20）K. Rakstys, C. Igci and M. K. Nazeeruddin, Chem. Sci. 10, 6748 (2019).
21）T. H. Schloemer, J. A. Christians, J. M. Luther and A. Sellinger, Chem. Sci. 10, 1904 (2019).
22）J. Wang, X. Wu, Y. Liu, T. Qin, K. Zhang, N. Li, J. Zhao, R. Ye, Z. Fan, Z. Chi and Z. Zhu, Adv. Energy Mater. 11, 2100967 (2021).
23）H. Nishimura, I. Okada, T. Tanabe, T. Nakamura, R. Murdey and A. Wakamiya, ACS Appl. Mater. Interfaces 12, 32994 (2020).
24）D. Zhang, P. Xu, T. Wu, Y. Ou, X. Yang, A. Sun, B. Cui, H. Sun and Y. Hua, J. Mater. Chem. A7, 5221 (2019).
25）Y. Feng, Q. Hu, E. Rezaee, M. Li, Z. Xu, A. Lorenzoni, F. Mercuri and M. Muccini, Adv. Energy Mater. 9, 1901019 (2019).
26)Y. Feng, Q. Chen, L. Dong, Z. Zhang, C. Li, S. Yang, S. Cai and Z.-X. Xu, Sol. Energy 184, 649 (2019).
27）J. Guo, X. Meng, H. Zhu, M. Sun, Y. Wang, W. Wang, M. Xing and F. Zhang, Org. Electron. 64, 71 (2019).

28) G. You, Q. Zhuang, L. Wang, X. Lin, D. Zou, Z. Lin, H. Zhen, W. Zhuang and Q. Ling, Adv. Energy Mater. 10, 1903146 (2020).
29) K. Rakstys, S. Paek, P. Gao, P. Gratia, T. Marszalek, G. Grancini, K. T. Cho, K. Genevicius, V. Jankauskas, W. Pisula and M. K. Nazeeruddin, J. Mater. Chem. A5, 7811 (2017).
30) C. Liu, C. Igci, Y. Yang, O. A. Syzgantseva, M. A. Syzgantseva, K. Rakstys, H. Kanda, N. Shibayama, B. Ding, X. Zhang, V. Jankauskas, Y. Ding, S. Dai, P. J. Dyson and M. K. Nazeeruddin, Angew. Chemie - Int. Ed. 60, 20489 (2021).
31) N. Arora, M. I. Dar, A. Hinderhofer, N. Pellet, F. Schreiber, S. M. Zakeeruddin and M. Grätzel, Science. 358, 768 (2017).
32) Z.-K. Yu, W.-F. Fu, W.-Q. Liu, Z.-Q. Zhang, Y.-J. Liu, J.-L. Yan, T. Ye, W.-T. Yang, H.-Y. Li and H.-Z. Chen, Chinese Chem. Lett. 28, 13 (2017).
33) H. Zhang, H. Wang, W. Chen and A. K. Y. Jen, Adv. Mater. 29, 1604984 (2017).
34) Y. Wang, Z. Zhu, C. Chueh, A. K. Y. Jen and Y. Chi, Adv. Energy Mater. 7, 1700823 (2017).
35) N. Onozawa-Komatsuzaki, D. Tsuchiya, S. Inoue, A. Kogo, T. Funaki, M. Chikamatsu, T. Ueno and T. N. Murakami, ACS Appl. Energy Mater. 5, 6633 (2022).

第1章　ペロブスカイト太陽電池 の 最新 開発 事例 と 成膜技術・環境 対応・鉛フリー化

第4節　錫系ペロブスカイト太陽電池

電気通信大学　早瀬　修二

はじめに

鉛系ペロブスカイト太陽電池の効率は25.7%に達し、セル面積は大きく異なるが単結晶シリコン太陽電池の効率に肉薄している[1)]。今後は大面積モジュール化が大きな開発課題となる。鉛ペロブスカイト太陽電池に続いて注目を集めているのは錫系ペロブスカイトである。バンドギャップと理論効率の関係を議論したShockley-Queisser の理論によれば、最高の理論効率が得られるのは光吸収層のバンドギャップが1.2～1.4 eVのときであり、鉛系ペロブスカイトの1.6 eV程度のバンドギャップよりも1.2～1.4 eVのバンドギャップを有する錫系ペロブスカイト太陽電池への期待が大きい。また錫ペロブスカイト（約1.4 eV）や鉛ペロブスカイト（約1.6 eV）単独のバンドギャップよりも両者を混合した錫鉛系アロイ化ペロブスカイトのバンドギャップ（1.25 eV）が狭いというユニークな特徴を持っている。この特徴は単接合太陽電池の理論効率を超えるタンデム太陽電池のボトム層として期待されている。本報告では錫ペロブスカイト、錫鉛ペロブスカイト太陽電池を中心にその基礎と最近の動向を述べる。

1.　錫ペロブスカイト概論

ハロゲン化ペロブスカイトは一般式ABX_3（A：一価の有機カチオン、無機カチオン、B：鉛イオン、または錫イオン、Xはハロゲン化イオン）で記載される。八面体が一つのユニットになり、その頂点を共有し連結した構造を有している。八面体の頂点をハロゲン化イオンが占め、その中心に金属イオン（錫イオン、鉛イオン）が位置する。八面体構造の隙間をAサイトイオンが埋めている（図1）。鉛フリーの錫ペロブスカイトは金属イオンが錫イオンであり、八面体を構成する-Sn-I-Sn-I-が連なった構造を有している。価電子帯はSnイオンのS軌道とハロゲン化イオンのP軌道の混成、伝導帯はSnイオンのP軌道とハロゲン化イオンのP軌道の混成からなる。錫鉛ペロブスカイトの場合、価電子帯はSnイオンのS軌道とハロゲン化イオンのP軌道の混成、価電子帯はPbイオンのP軌道とハロゲン化イオンのP軌道の混成からなるため、伝導帯と価電子帯はそれぞれ異なった金属イオンの混成軌道となる。このため混成軌道を有する錫鉛ペロブスカイトのバンドギャップのほうが狭くなる。

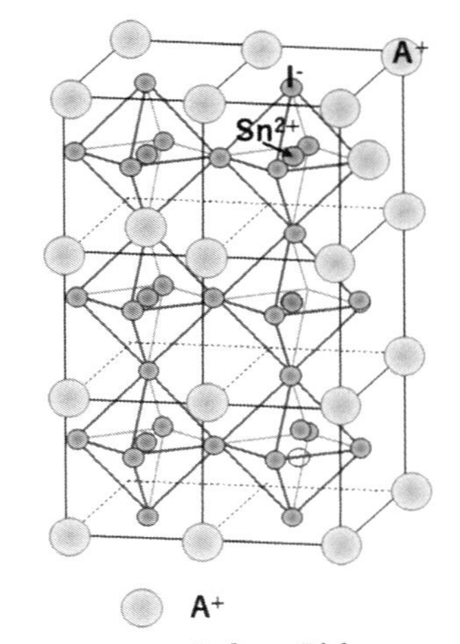

図1　錫、錫鉛ハロゲン化ペロブスカイトの格子構造

2. 鉛フリー錫ペロブスカイト太陽電池の研究開発状況

鉛フリー錫ペロブスカイト太陽電池の効率は研究初期の数％から現在14～15％と徐々に向上している[2)]。図2に一般的な太陽電池設計指針を示す。伝導帯①や価電子帯②はホール輸送層（HTL）、PVK（ペロブスカイト）、ETL（電子輸送層）の順に深くなり、フェルミレベル③はHTL、PVK、ETLの順に浅くなることにより、内部電界勾配やバンドの曲がりが電荷収集効率をあげ、電荷再結合確率を低下させる。HTLとPVKの価電子帯のエネルギー準位差④、ETLとPVKの伝導帯準位のエネルギー準位差（バンドオフセット）⑤はエネルギー変換ロスになるために小さいほうが良い。また、電荷再結合中心となる結晶欠陥（粒界、ヘテロ界面を含む）密度は低いほうが高効率化できる。図2の一般的な項目に加えて、錫ペロブスカイト太陽電池の効率向上を大きく阻害しているのが、Sn^{4+}の存在である。Sn^{4+}はSn^{2+}イオンの酸化（酸素、DMSOなどの溶剤、水分等による）により生成する。Sn^{2+}がSn^{4+}に酸化されるため、光非照射時のホールキャリアが増え、暗電流が増加し太陽電池特性が低下する。これらの高効率化を阻害している要因を取り除くことにより効率は徐々に向上してきた[2)]。現在13～14％の効率を報告している研究機関が複数ある。表1に最近の論文の効率とその問題解決のためのアプローチの一部をまとめて示す。また図3には我々のアプローチと効率の関係をまとめて示す。

表1　最近の13％以上の効率を報告した論文と問題解決のアプローチ

Year	Efficiency	Composition	Title	Authors	Paper
2020	13.24	(FAEA)EDASnI_3	Lead-free Tin-halide Perovskite Solar Cells with 13% Efficiency (passivation and Reducing agent)	K Nishimura, S. Hayase, et al.	Nano Energy, 2020, 74, 104858
2021	13.4	FASnI_3	Perovskite Solar Cell under Coordinated Control of Phenylhydrazine and Halogen Ions (Reducing agent)	Chengbo Wang, et al.	Matter, 2021, 4, 709-721
2021	14.6	FA(EDA)SnI_3(Br)	One-Step Synthesis of SnI2・(DMSO)x Adducts for High-Performance Tin Perovskite Solar Cells (Purification)	Xianyuan Jiang, et al.	JACS, https://doi.org/10.1021
2021	14.8	FA(FPEABr)SnI_3	Heterogeneous 2D/3D Tin-halides perovskite solar cells with certified conversion efficiency braking 14%(Passivation)	Bib-Bin Yu	Adv. Mater, 2021, 2102055
2021	14.7	$FA_{0.75}MA_{0.25}SnI_3$	Chemo-Thermal Surface Dedoping for High-performance Tin Perovskite Solar Cells (Purification)	J. Zhou, Y. Zhou et al.,	Matter, 2021, https://doi.org/10.1016/j.matt.2021.12.013.
2022	13.8	FASnI_3	Heterogenerous FASnI3 absorber with enhance Electric field for high-performance lead-free perovskite solar cells (Band optimization)	T. Wu, L. Han, et al.,	Nano-Micro Letters, 2022, 14:99
2022	14.07	$Cs_{0.02}(FA_{0.9}DEA_{0.1})_{0.98})_{0.98}EDA_{0.01}I_3$	SnOx as Bottom Hole Extraction Layer and Top In-situ Protection Layer Yields over 14% Efficiency in Sn-based Perovskite Solar Cells (Hole collector+ reducing agent)	Liang Wang, Shuzi Hayase, et al.,	ACS Energy Lett., in press

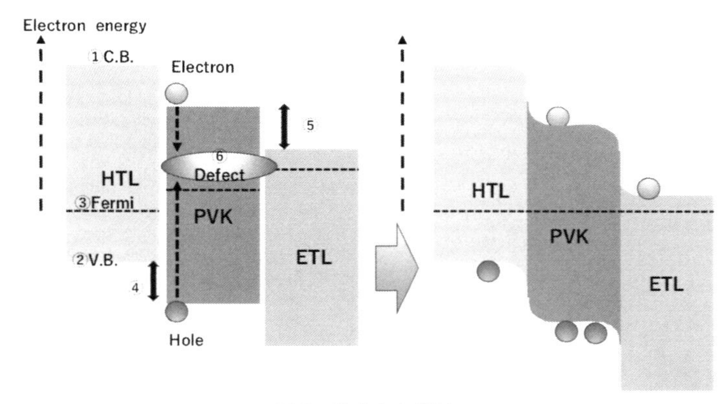

図2　効率向上指針

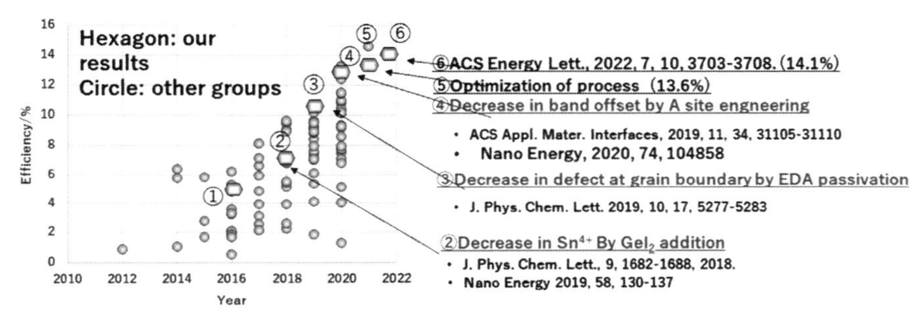

図3　我々のアプローチと効率（錫ペロブスカイト太陽電池）

Sn^{4+}密度を下げるために還元剤を加えることが一般的である。我々は還元性のあるゲルマニウムイオンの添加を報告している[5)]。ヒドラジン誘導体、錫金属等の還元剤もよく報告されている[6)]。図2⑥の欠陥のうちで、三次元格子構造（3D）が途切れる粒界にイオン欠陥が多い。3D構造のペロブスカイト格子粒界に2D構造を形成する方法が良く用いられる。2D構造はphenylethylammoniumのような嵩高いイオンをAサイトに導入することにより得られる（表1のYuらの報告）。一方、我々は界面をエチレンジアミン（EDA）でパッシベーションし界面欠陥密度を下げた効率向上方法を提案している（図3③）。また我々はdiethylammnonium iodideやtrimethylsilyl bromideのようなサイズの大きなイオンを添加することにより結晶化が遅くなり結晶粒子が大きくなることを報告している[7, 8)]。図2④、⑤の導電帯バンドオフセットを小さくした例として表1、Yuらの研究がある。n型材料として従来から用いられてきたC60、PCBMよりも導電帯準位がさらに浅いICBAを使って効率を上げている。

一方、電子移動度が高く、従来から用いられているC60、PCBMを使ってバンドオフセットを小さくする方法として、錫ペロブスカイトのAサイトに2Dを形成するほど大きくなく、3D構造を保つことができるくらいのコントロールされた大型イオンを導入することによりペロブスカイトの伝導帯を深くする方法を我々は提案している（図3④）。最近我々はSnOxをホール輸送材料に用いて効率14％を超える錫ペロブスカイト太陽電池を報告している（図3⑥）[9)]。詳細は文献を参照いただきたい。

3. 錫鉛ペロブスカイト太陽電池

錫鉛ペロブスカイト太陽電池の効率向上策も錫ペロブスカイト太陽電池とほぼ同様である。電荷再結合を抑制するためにスパイク構造をバンドダイアグラムに導入したり（図4④)、エチレンジアミンによる粒界や表面のパッシベーション（図4⑥)、混合単分子膜HTL（図4⑦)）を導入することにより、逆構造p-i-n型太陽電池で23.3％の効率を報告した。ちなみに論文上での最高効率は23.6％である[10)]。

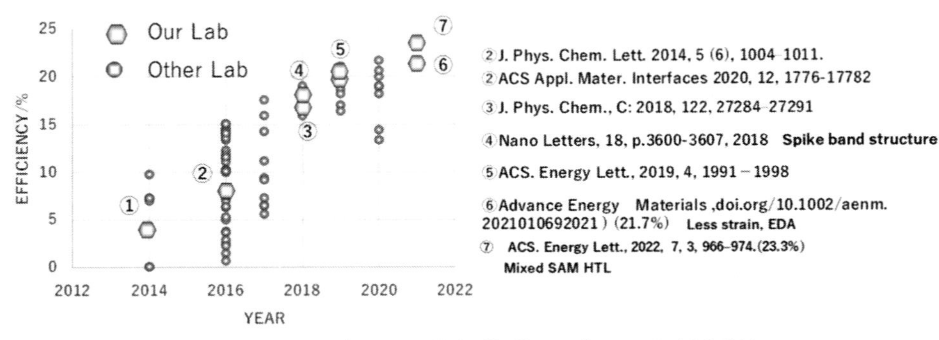

図4 我々のアプローチと効率（錫鉛ペロブスカイト太陽電池）

4. タンデム太陽電池と錫鉛ペロブスカイト太陽電池

Shockley-Queisser limitの理論効率（33～34％）を超えるペロブスカイトタンデム太陽電池が注目を集めている。ペロブスカイトタンデム太陽電池はバンドギャップが1.6～1.8 eVの可視光域を光電変換する鉛系太陽電池（トップ層）とバンドギャップが1.1～1.3 eVの近赤外太陽電池を光電変換する太陽電池（ボトム層）からなる。ボトム層としては、シリコン太陽電池、CIGS太陽電池、錫鉛ペロブスカイト太陽電池が検討されている。光はトップ層から入射し、トップ層の電圧V_{top}とボトム層の電圧V_{bottom}の和がタンデム太陽電池の電圧V_{tandem}となり、高電圧が得られ、高効率に結び付く。鉛ペロブスカイト（トップ層）／単結晶シリコン（ボトム層）タンデム太陽電池の効率は31.25％（近年32.5％に向上）であり単結晶シリコンシングル太陽電池よりも5～6％程度高い効率が報告されている[1)]。フレキシブルタンデム太陽電池を作りやすい鉛ペロブスカイト／錫鉛ペロブスカイトからなるペロブスカイト／ペロブスカイト太陽電池の効率は28％に達している。さらなる高効率化のためには錫鉛系ペロブスカイトタンデム太陽電池の狭バンドギャップ化、高効率化、およびトップ層のワイドバンドギャップ鉛ペロブスカイト太陽電池の高効率化が必須である。

おわりに

錫系ペロブスカイト太陽電池の効率は鉛系ペロブスカイト太陽電池の効率にはおよばないが、鉛フリー単接合太陽電池、ペロブスカイトタンデム太陽電池のボトム層として期待されている。上記に議論した項目を段階的に解決することによって高効率化が期待できる。

参照文献

1） Martin Green, Ewan Dunlop, Jochen Hohl-Ebinger, Masahiro Yoshita, Nikos Kopidakis, Xiaojing Hao, Prog Photovolt Res Appl, 2022;30:687-701, Efficiency Table 60

2） Hayase Shuzi, Sn-based Halide Perovskite Solar Cells, Chapter 10, 293-319, 2021, Perovskite Photovoltaics and Optoelectronics, Edited by Miyasaka, T., Eiley-VCH. 10.1002/9783527826391.ch10

3） Ajay Kumar Baranwal, Shrikant Saini, Zhen Wang, Daisuke Hirotani, Tomohide Yabuki, Koji Miyazaki, Shuzi Hayase, Organic Electronics, 2020, 76, 105488.

4） Baranwal, Ajay, Saini Shrikant, Sanehira Yoshitaka, Kapil Gaurav, Kamarudin, Muhammad Akmal, Ding Chao, Sahamir Shahrir Razey, Yabuki Tomohide, Iikubo, Satoshi, Shen Qing, Miyazaki Koji, Hayase Shuzi, ACS Appl. Energy Mater. 2022, 5, 9750–9758

5） Ajay Kumar Baranwal, Kohei Nishimura, Muhammad Akmal Kamarudin, Gaurav Kapil, Shrikant Saini, Tomohide Yabuki, Satoshi Iikubo, Takashi Minemoto, Kenji Yoshino, Koji Miyazaki, Qing Shen, Shuzi Hayase, ACS Appl. Energy Mater. 2022, 5, 4002–4007

6） Tomoya Nakamura, Taketo Handa, Richard Murdey, Yoshihiko Kanemitsu, and Atsushi Wakamiya, ACS Appl. Electron. Mater. 2020, 2, 3794-3804

7） Zheng Zhang, Ajay Kumar Baranwal, Shahrir Razey Sahamir, Gaurav Kapil, Yoshitaka Sanehira, Mengmeng Chen, Kohei Nishimura, Chao Ding, Dong Liu, Hua Li, Yusheng Li, Muhammad Akmal Kamarudin, Qing Shen,a, Teresa S. Ripolles, Juan Bisquert, Shuzi Hayase, Solar RRL 5(11) DOI:10.1002/solr.202100633, 2021

8） Zheng Zhang, Liang Wang, Ajay Kumar Baranwal, Shahrir Razey Sahamir, Gaurav Kapil, Yoshitaka Sanehira, Muhammad Akmal Kamarudin, Kohei Nishimura, Chao Ding, Dong Liu, Yusheng Li, Hua Li, Mengmeng Chen, Qing Shen, Teresa S. Ripollesb, Juan Bisquert, Shuzi Hayase, J. Energy Chem. DOI: 10.1016/j.jechem.2022.03.028.

9） Wang Liang, Chen Mengmeng, Yang Shuzhang, Uezono Namiki, Miao Qingqing, Kapil Gaurav, Baranwal Ajay, Sanehira Yoshitaka, Wang Dandan, Liu Dong, Ma Tingli, Ozawa Kenichi, Sakurai Takeaki, Zhang Zheng, Shen Qing, Hayase Shuzi, ACS Energy Letters, just accepted.

10） Kapil Gaurav, Bessho Takeru, Sanehira Yoshitaka, Sahamir Shahrir Razey, Chen Mengmeng, Baranwal Ajay, Liu Dong, Sono Yuya, Hirotani Daisuke, Nomura Daishiro, Nishimura Kohei, Kamarudin Muhammad Akmal, Shen Qing, Segawa Hiroshi, Hayase Shuzi, ACS Energy Lett., 2022, 7, 3, 966–974

第1章　ペロブスカイト太陽電池の最新開発事例と成膜技術・環境対応・鉛フリー化

第5節　非鉛系ハロゲン化金属ペロブスカイト太陽電池

国立研究開発法人物質・材料研究機構　白井　康裕・柳田　真利

はじめに

ハロゲン化鉛ペロブスカイト結晶（ABX_3構造でAサイトはアミン系有機カチオン、Bサイトは鉛イオン（Pb^{2+}）、XサイトはI^-やBr^-、Cl^-などのハロゲン化物イオン）を用いた太陽電池は、塗布などの低温プロセスで作製でき、約500nm程度の厚みでほぼ100％の可視光を吸収し、光から電気にエネルギー変換できる。2009年に初めて報告されて以来[1)]、光電変換効率が10％超えを経て[2)]、わずか6年間でそのエネルギー変換効率は20％を超え、2023年現在では25.7％に到達している（図1）。変換効率に着目すると、従来のシリコン太陽電池（最高効率 26.8％）に迫る勢いがある[3)]。さらにハロゲン化鉛ペロブスカイト薄膜は塗布などの低温プロセス（100℃程度）で作製できるため、プラスチックフィルム上へ連続印刷による製造が可能であり、開放電圧が1V程度と他の太陽電池の中でも特に高い開放電圧が得られることなどから、高効率な次世代太陽電池の有力候補として世界各国で研究が活発に行われている。国立研究開発法人物質・材料研究機構（以下 NIMS）でも変換効率20％以上を維持して、疑似太陽光照射下で1,000時間の連続発電する高い耐久性を示すペロブスカイト太陽電池を得た[4)]。

ただし、これらのペロブスカイト太陽電池には重金属である鉛（Pb）が含まれており、太陽電池の破損やリサイクル等によるPbの漏れなど、環境汚染の問題が懸念されている。そのため、鉛を一切含まないハロゲン化金属（非鉛）ペロブスカイトの太陽電池開発が盛んに行われた。特に近年、ハロゲン化錫（BサイトにSn^{2+}）ペロブスカイト（錫ペロブスカイト）結晶を用いた太陽電池の性能向上が著しい。本稿ではこの新たな非鉛のペロブスカイト太陽電池の進展について、NIMSの取組も合わせて紹介したい。

重金属として環境汚染の懸念物質である鉛を全く含まないペロブスカイト太陽電池の研究も2010年代前半よりスタートし、現在では鉛の代わりにスズを用いた錫ペロブスカイト系について、その光電変換効率が15％に届きつつある状況である。しかし錫ペロブスカイト太陽電池はデータのばらつきが大きく、再現性が低いなどの問題も指摘されている。一般的にハロゲン化金属ペロブスカイトは水に弱く、分解する。さらに錫ペロブスカイト中の金属の錫イオンが酸化（$Sn^{2+} \rightarrow Sn^{4+} + 2e^-$）されやすいとされ、空気中の酸素による酸化でペロブスカイト構造が破壊されてしまうと推測される。錫ペロブスカイト太陽電池はまだまだ発展途上であり、解決すべき多くの課題が残されている。

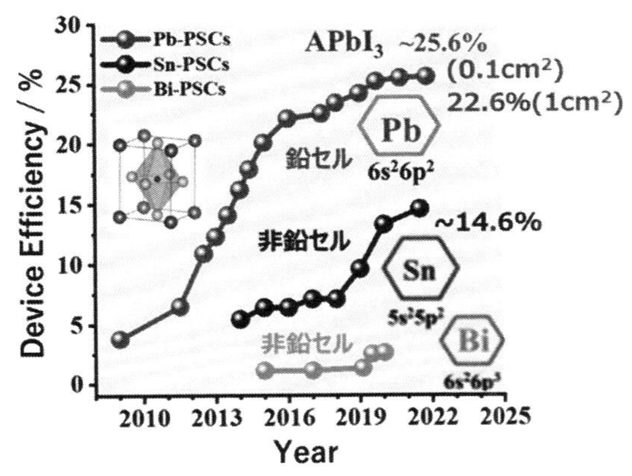

図１　各種ペロブスカイト太陽電池の最高変換効率の推移

NIMSでは各研究室の研究データおよび蓄積されたノウハウを電子化し、文献などのデータも盛り込みながら材料データベースを構築し、人工知能（AI）含む様々な解析から新しい材料や技術を確立しようとしている。究極的には要求性能（例えば高効率で長寿命な太陽電池）から適切な材料が選択されていくデータ駆動型材料開発の実現を目指している[5, 6]。究極のデータ駆動型材料開発に至らなくても、研究（実験）を開始する前段階で妥当な研究方針をAI等で検討し、無駄な試行錯誤な研究を排除でき、人的資源に恵まれた海外に対抗できる手段に成り得る。そのため筆者らの研究グループは錫ペロブスカイト太陽電池の研究開発をしながら、過去や最新の文献を集め、それら文献に研究のヒントが隠れていないかを探っている最中である。本稿では、錫ペロブスカイト太陽電池の研究開発における数十件の文献を抜き出してまとめつつ、錫ペロブスカイト太陽電池の研究の方向性を示したいと考えている。

1. 錫ペロブスカイト太陽電池の基本構造

「ペロブスカイト太陽電池」は、色素増感太陽電池（DSC）や有機薄膜太陽電池（OPV）などの薄膜太陽電池の一つであり、有機や無機材料、有機と無機を含む材料などから構成されるため「ハイブリッド」ともいわれ、その名の由来はペロブスカイト結晶構造（ABX_3）にある。Aサイトにはメチルアンモニウムやホルムアミジニウムイオン（FA^+）、Cs^+など様々なカチオンが入り、BサイトにはPb^{2+}やSn^{2+}など金属イオンが入る。そして、太陽電池に使えるペロブスカイト結晶では、Xサイトに必ずヨウ化物イオン（I^-）や臭素化物イオン（Br^-）、塩化物イオン（Cl^-）などのハロゲン化物イオンが必要となる。これまでBサイトの金属元素に鉛を用いた鉛ペロブスカイト系で変換効率が25%を超えるなど著しい成果が得られているが、Pb^{2+}の代わりにSn^{2+}を用いた$FASnI_3$ペロブスカイト太陽電池も変換効率が15%に届きつつあり、近年急速に発展している。周期表でPb^{2+}の一つ上の段に位置するSn^{2+}はサイズがPb^{2+}より小さいため、Aサイトのカチオンには逆にFA^+の様な比較的大きな分子を用いる事でペロブスカイト結晶構造をより安定的に維持する事が可能になると考えられる。

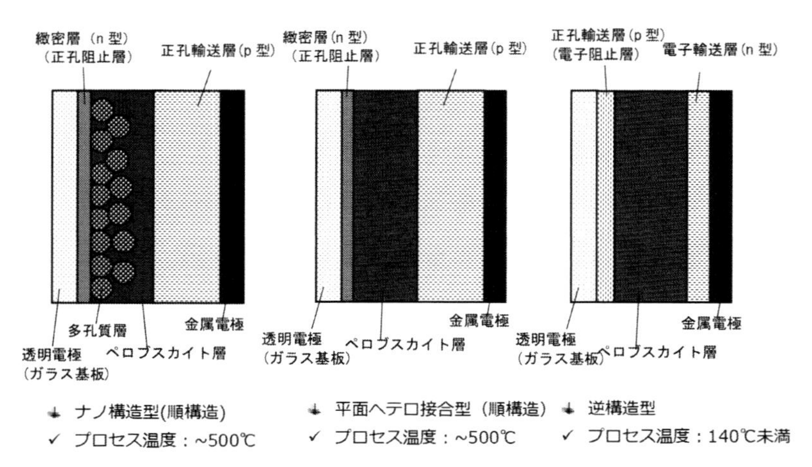

図2　ペロブスカイト太陽電池の主なデバイス構造と特徴

主なペロブスカイト太陽電池の構成を図2に示す。ペロブスカイト太陽電池はもともとDSCの研究から派生したため、初期の頃はDSCとよく似たナノ構造（メソポーラス構造）型がよく研究されていた。ナノ構造にn型酸化物半導体（電子輸送層）としてTiO_2が用いられたこともあり、太陽光を電子輸送層側から照射する構造を順構造とされた。その後、メソポーラス層を取り除いた、最も単純な薄膜の形である平面構造でもペロブスカイト太陽電池は問題無く機能する事が示された[7]。さらに、OPVの研究者の参入により、正孔輸送層側から太陽光を照射する逆構造型が提案された[8,9]。これら全てのペロブスカイト太陽電池構成に共通する基本的な発電メカニズムは、光照射によりペロブスカイト層にて電子と正孔が生成し、電子がn型層、正孔がp型層を介してそれぞれの電極に分離され、電気エネルギーに変換される。図3は逆構造型の場合の各層の大まかなエネルギー準位と電子と正孔の流れを示した。逆構造型のペロブスカイト太陽電池は低温プロセスで作製が可能であり、変換効率は鉛ペロブスカイト系で通常18～20％程度と考えられる。さらに、非鉛ペロブスカイト太陽電池において、特に錫ペロブスカイト太陽電池では、今のところ逆構造型が必須と考えられている。ペロブスカイト層中の正孔の移動度が電子の移動度より遅い、または正孔を捕捉する欠陥準位がある、などが考えられるが、原因は明らかではない。実験事実として、その他のナノ構造型や平面ヘテロ構造の順構造において非鉛ペロブスカイト太陽電池の成功例が少ないことは確かなようである。しかしペロブスカイト太陽電池はまだまだ発展途上にあるため、今後はそれぞれの構造がどの様に発展するか予測は難しい。我々のグループでは、これまでOPVで得た知見を活用しやすい点や低温プロセスの将来的な可能性、単純な平面構造や非鉛ペロブスカイトに有利な点などに着目し、さらに耐久性にも優れた信頼性の高いデバイスの実現を目指し、逆構造型ペロブスカイト太陽電池の作製に取り組んでいる。

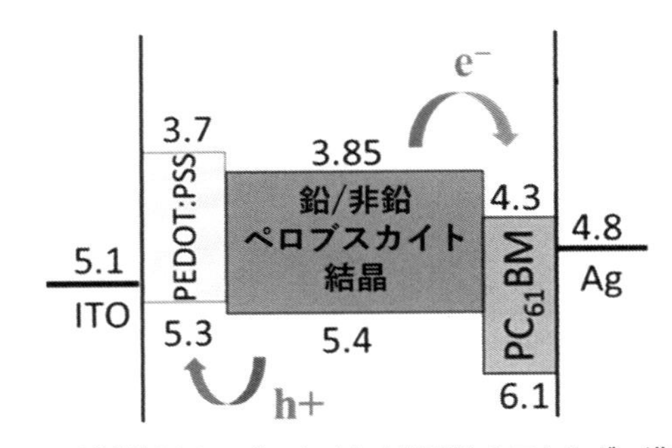

図3　逆構造型ペロブスカイト太陽電池のエネルギー準位

2.　錫ペロブスカイト太陽電池の文献データベース

ペロブスカイト太陽電池のデータベース化はヨーロッパの研究者が勢力的に進めている[10]。膨大な論文数から適切な戦略を導き出すには、ビックデータ解析など情報科学や統計学を駆使しつつも、各論文における詳細な条件、例えば透明電極（ITOやFTOなどの透明導電酸化膜）、ペロブスカイトを構成するAサイト、Bサイト、Xサイトの各材料、電子輸送層や正孔輸送層の電荷輸送層材料、界面処理、裏面金属電極材料、デバイス構造（順構造や逆構造）、デバイス作製方法（蒸着、スパッタ、スピンコート、スプレー法、ドクターブレード法）に加え、デバイス評価（例えば電流密度―電圧測定）を見極める必要がある。そして最終的にはやはり追試が必要で、再現性や妥当性を確認しなければならない。特にペロブスカイト太陽電池では光電変換効率がラボレベルで20％近く得られるとされ、評価方法が曖昧のまま、光電変換効率が独り歩きする傾向があった[11)]。今回、錫ペロブスカイト太陽電池（$FASnI_3$）44本を抜き出して分析を行った[12-56)]。2015年から錫ペロブスカイト太陽電池の光電変換効率が向上していく傾向を考察していきたい。

図4に各年代別に光電変換効率、短絡電流密度（Jsc）、開放電圧（Voc）、形状因子（FF）をプロットした。各年で光電変換効率の差があるが、各条件に依存していると考えられる。各年で光電変換効率の最高値をみると2015年から年に比例して光電変換効率が向上しているように見える。光電変換効率（％）は100×Jsc×Voc×FF/100mWcm^{-2}である。内訳を見てみると、各年に対してJscの最高値は20から25mAcm^{-2}でほぼ変化がない。一方で、Vocの最高値と各年の関係をみると、Vocは年とともに向上しているのがわかる。FFの最高値は2018年において0.75と一定になっており、2018年から錫ペロブスカイト太陽電池の効率が適正化されつつあると考えられる。2015年から錫ペロブスカイト層製膜時に錫イオンの酸化防止などのためにSnF_2や様々な添加剤を加えることによって[12, 57-59)]、Vocは年とともに向上しはじめたと考える。

各データを詳細に確認しながら理解しなければならないが、大雑把なプロットによっても各年のペロブスカイト太陽電池の進展が良く理解できる。尚、ここで太陽電池の面積を規定する光遮蔽マスクサイズやデバイスサイズも重要となる。錫ペロブスカイト太陽電池は鉛ペロブスカイト太陽電池に比べて、まだ膜の均一性が良くないため、デバイスサイズは0.02cm^{2}から0.1cm^{2}が主流で、太陽電池の公認されている光電変換効率測定の一般的なサイズ1cm^{2}では光電変換効率7％が最高値である[50)]。

次に着目したのは$FASnI_3$ペロブスカイトの伝導帯端（E_{CB}）と価電子帯端（E_{VB}）のエネルギー準位である。現状では正孔輸送層としてPEDOT：PSS、電子輸送層はPCBMやICBAなどのフラーレン材料である。各電荷輸送層として適切な材料の選択において$FASnI_3$ペロブスカイトのE_{CB}とE_{VB}のエネルギー準位は重要な因子である。図5に$FASnI_3$ペロブスカイトについて計測されたE_{CB}とバンドギャップ（E_g）、E_{VB}を年代でプロットした。紫外線光電子分光などの測定により仕事関数やE_{VB}を求めている。E_gは吸収スペクトル、エリプソメトリーあるいは外部量子効率の長波長側の立ち上がりである。$E_{CB}=E_{VB}+E_g$で求められる。図5から$E_{VB}\approx-5$eV、$E_g\approx1.4$eV、$E_{CB}\approx-3.6$eVが文献から導き出される。図6に$FASnI_3$ペロブスカイトと適切な電荷輸送層のエネルギーダイアグラムを示した。正孔輸送層の価電子帯端として−4.8eV、電子輸送層の伝導帯端として−3.8eVの材料であればV_{OC}は1Vになると期待され、実際に図4（c）も徐々に1Vに近づきつつある。

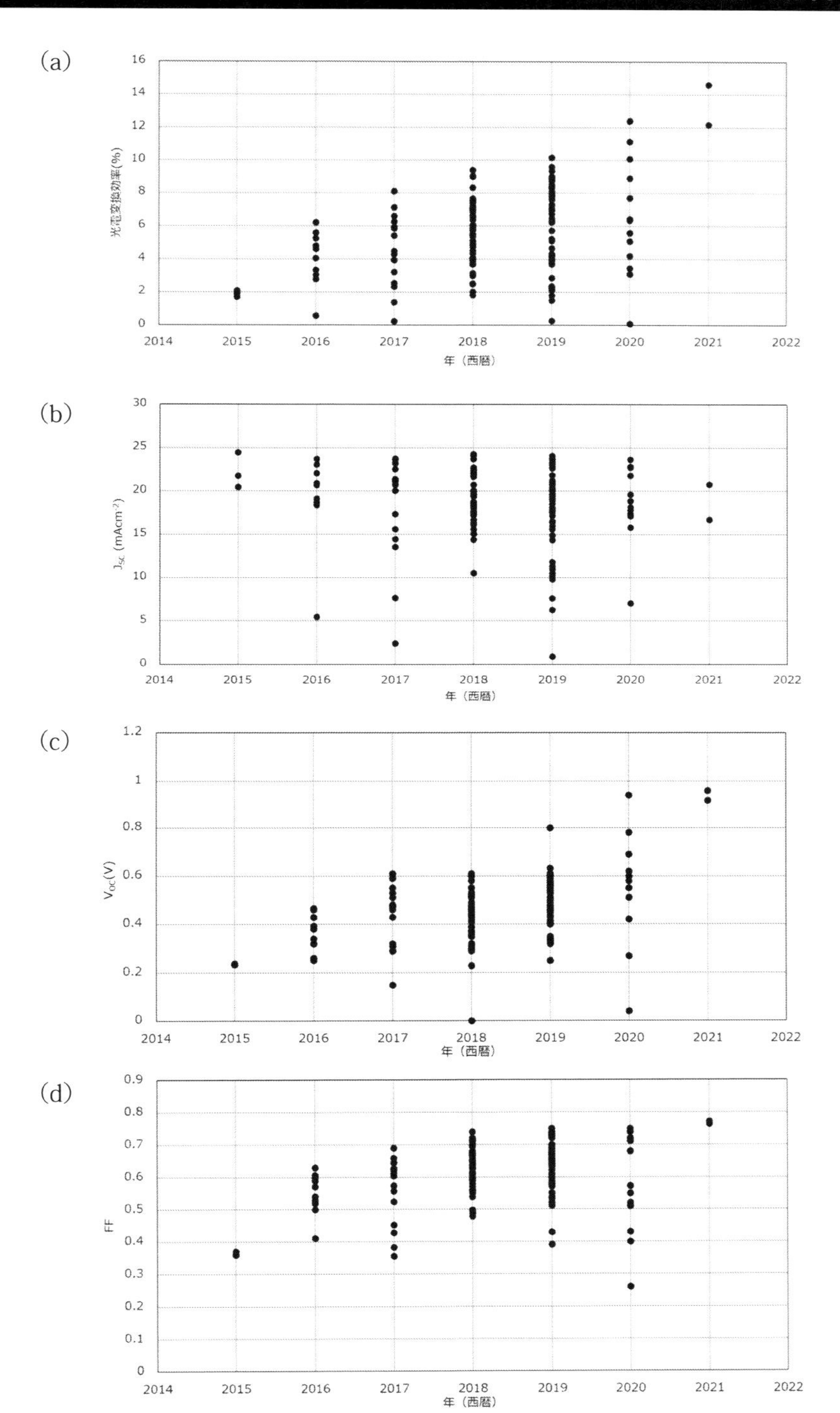

図4　2015年から2021年までの
(a) 光電変換効率、(b) 短絡電流密度（Jsc）、(c) 開放電圧（Voc）、(d) 形状因子（FF）

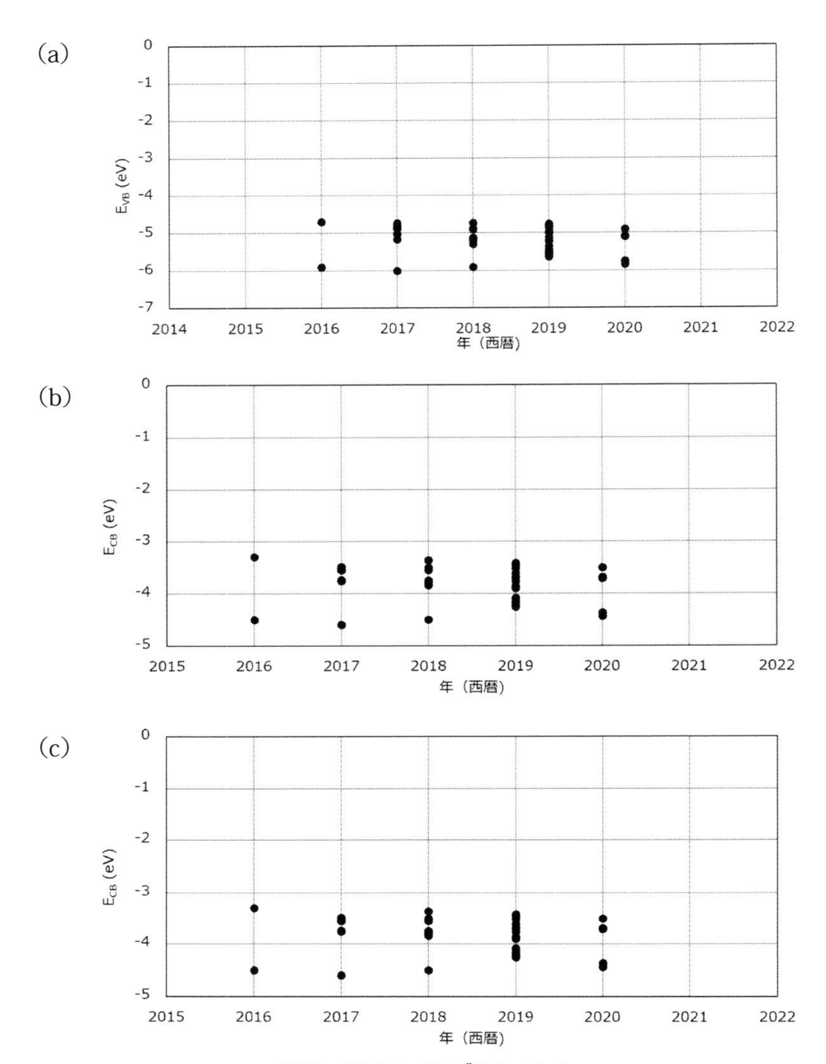

図5　$FASnI_3$ペロブスカイトの
(a) 価電子帯端（E_{VB}）と（b）バンドギャップ（E_g）、(c) 伝導帯端（E_{CB}）

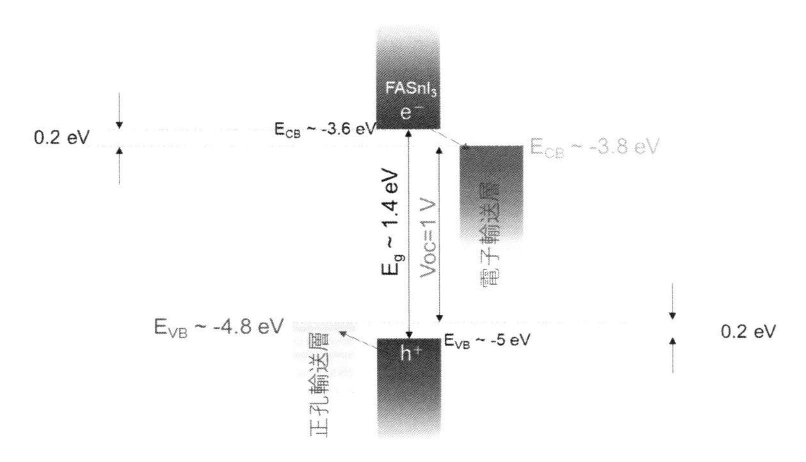

図６　FASnI$_3$ペロブスカイトと適切な電荷輸送層のエネルギーダイアグラム

3.　低温・溶液プロセスで作製する錫ペロブスカイト太陽電池

低温溶液プロセスによる錫ペロブスカイト太陽電池（FASnI$_3$）の作製方法を図7に示す[57]。パターン済ITO基板上に、ホール輸送層（PEDOT：PSS）、錫ペロブスカイト溶液（FASnI$_3$の原材料）、電子輸送層（PCBM）、電子選択層（BCP等）をスピンコート法により順番に堆積して行き、最後に電極材料（Ag）を蒸着して完成する。また、このプロセスにより作製した錫ペロブスカイト太陽電池の断面SEM像を図8に示す。現状では錫ペロブスカイトの膜厚は200nm弱であるが、この程度では全ての太陽光を吸収する事は困難なため、今後はさらなる厚膜化が望まれる。ただし、錫ペロブスカイト中の欠陥が多いため現状でさらなる厚膜化は困難な状況にある。要となる錫ペロブスカイト層は、高効率化に伴いそのレシピも複雑化しており、様々な添加剤を加える事で錫ペロブスカイトの安定化や欠陥の低減を実現している。NIMSの例では、AサイトのFA$^+$の材料としてFAI、BサイトのSn^{2+}の材料としてSnI$_2$、Xサイトの材料として各種のヨウ化物塩を混合して用いる[57, 58]。さらに少量の添加剤として、錫ペロブスカイトの結晶構造や膜質の改善（図6）のためにPEASCN（Phenethylammonium thiocyanate）や錫イオンの酸化（$Sn^{2+} \rightarrow Sn^{4+}$）防止などのためにSnF$_2$が加えられている[59]。水溶液であるPEDOT：PSSのスピンコート以外は全てグローブボックス内で実施し、太陽電池セル完成後は封止してからグローブボックス外部へ取り出す。プロセス温度は最高でも100℃程度であるため、プラスチック基板上にペロブスカイト太陽電池を作製することも可能である。

当初、錫ペロブスカイトの安定化は非常に困難であったが、前項の2. で示したようにSnF$_2$など各種添加剤の発見により安定性や性能が飛躍的に向上した。2020年頃より、耐久性が良く再現性にも優れた高信頼性錫ペロブスカイト太陽電池がいくつか報告されている。様々な添加剤の発見により得られた高性能錫ペロブスカイト太陽電池の例を表1に示す。また、これら添加剤のもたらす効果の一例としてNIMSの成果を紹介する。成膜された錫ペロブスカイト薄膜のSEM像を図9に示す。この例では、添加剤であるPEASCN無しの場合は多くの欠陥やピンホールが薄膜中に存在し、薄膜太陽電池に適した平面構造のペロブスカイト層を形成するのが困難であったが、PEASCNの少量添加（FA^+に対して約8%）により欠陥の少ない平面構造を得る事が可能になり性能も向上した。

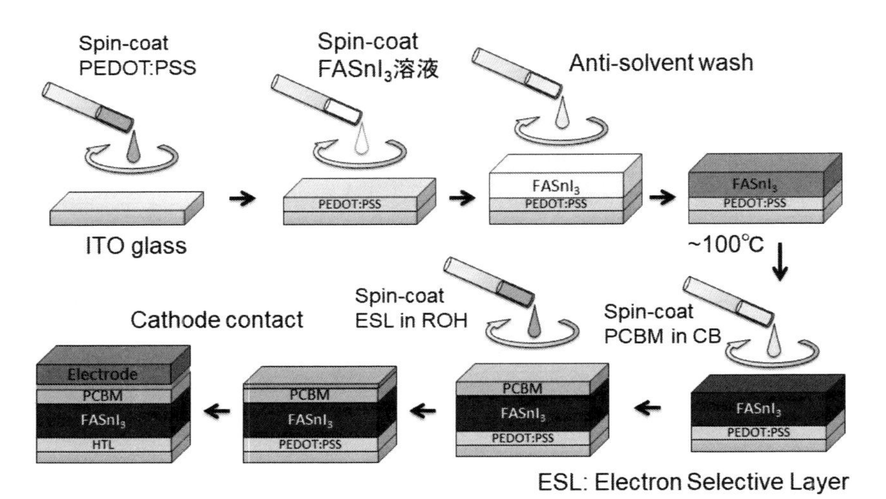

図7 Anti-solvent法を用いた錫ペロブスカイト($FASnI_3$)太陽電池の作製方法

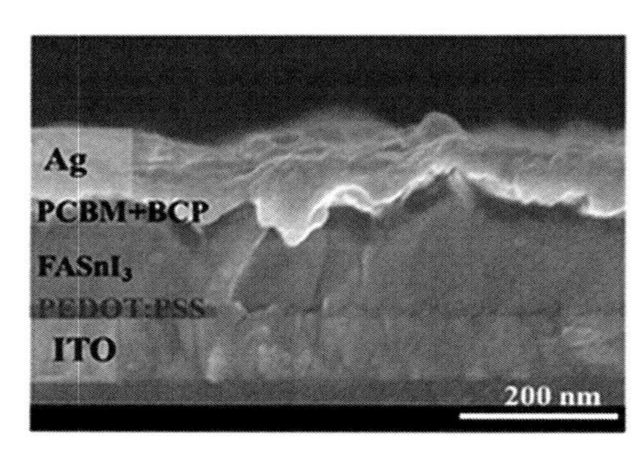

図8 錫ペロブスカイト太陽電池（PEASCN添加）の断面SEM像

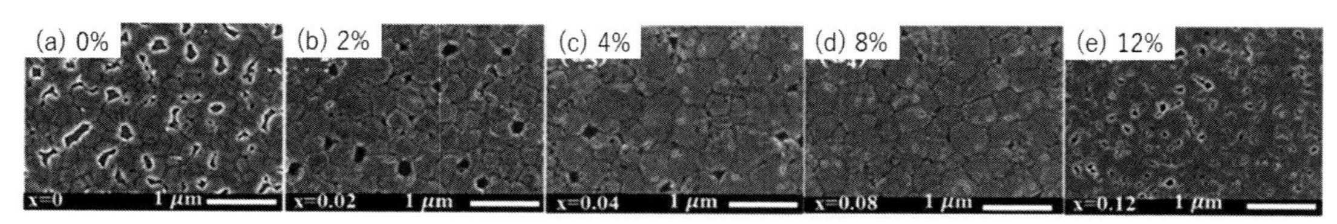

図9 錫ペロブスカイトの添加剤による膜質改善効果。
(a) 添加剤無しの$FASnI_3$、(b〜e) FAに対して2〜12%の割合でPEASCNを添加した$FASnI_3$ペロブスカイト薄膜のSEM像。
PEASCNの添加量8%でピンホールの少ない最良の薄膜が得られた。

表1　各種添加剤による錫ペロブスカイト（$FASnI_3$）の性能向上

非鉛ペロブスカイト	効率／%	電圧／V	電流／$mA \cdot cm^{-2}$	FF
$FASnI_3$＋PEASCN	10.0	0.67	22.2	0.65
$FASnI_3$＋POEI	10.1	0.64	22.0	0.73
$FASnI_3$＋4AMP	10.9	0.69	21.2	0.74
$FASnI_3$＋PAI	11.2	0.69	22.0	0.73
$FASnI_3$＋PHCl	11.4	0.76	23.5	0.64
$FASnI_3$＋PEAI	12.4	0.94	17.4	0.75
$FASnI_3$＋$EDAI_2$	13.2	0.84	20.3	0.78
$FASnI_3$＋PHCl-Br	13.4	0.81	23.0	0.72
$FASnI_3$＋FPEABr	14.0	0.83	24.4	0.69
$FASnI_3$＋PEABr	14.6	0.91	20.6	0.77

Note：PEASCN[57)]、POEI[60)]、4AM[P61)]、PAI[62)]、PHCl[63)]、PEAI[64)]、EDAI2[65)]、PHCl-Br[66)]、FPEABr[67)]、PEABr[68)]

4.　錫ペロブスカイト太陽電池の安定性

添加剤の有無は錫ペロブスカイト太陽電池の初期性能だけではなく、耐久性にも多大な影響を及ぼす事が判明した（図10）。従来の方法にて添加剤無しで作製した錫ペロブスカイト太陽電池は遮光し、乾燥した状態で保管しても性能が時間と共に低下し、現状では1か月と持たない。一方、PEASCNを添加して作製した素子の場合、比較的安定しており、約2か月の保管後も初期の50％以上程度の性能を維持していた。こうして高い再現性や安定性を有する素子の実現により、連続光照射下でも500時間程度の耐久性を示す錫ペロブスカイト太陽電池も報告されている[66, 69)]。今後は錫ペロブスカイト太陽電池の実用化へ向けて、これまでは困難であった動作メカニズムや劣化メカニズム解析の進展とそれに伴うさらなる性能向上が期待できる。

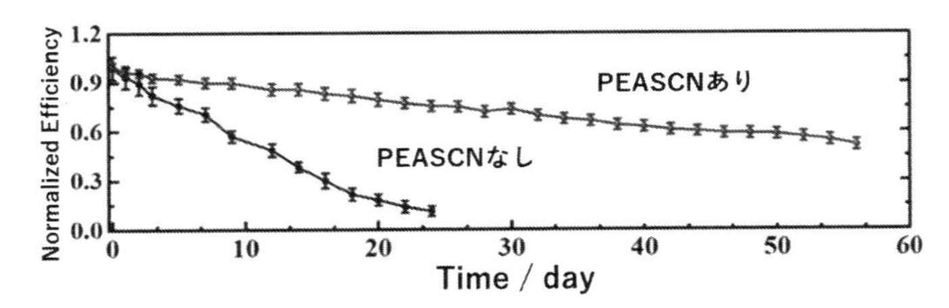

図10　非鉛ペロブスカイト太陽電池の耐久性（長期保管特性）に及ぼす添加剤の効果

おわりに

様々な添加剤の発見により、信頼性に優れた錫ペロブスカイト太陽電池を低温・溶液プロセスで実現することができた。また、錫ペロブスカイト太陽電池の発電効率は現状で15%弱に達しており(図1又は図4)、今後も成膜プロセス最適化や新規添加剤の発見によりさらなる効率向上が期待できる。将来的には、錫ペロブスカイト太陽電池でも変換効率は18%超を期待できると考えている。また、低温プロセスで作製する錫ペロブスカイト太陽電池は、既存のその他の太陽電池に重ね塗りで作製することも十分可能であり、例えば、錫ペロブスカイト太陽電池をトップ層、シリコン太陽電池をボトム層とするタンデム太陽電池で30%超の変換効率を得ることも現実的な目標である。さらに、ハロゲン化金属ペロブスカイト結晶のバンドギャップはそれぞれのサイトのイオン半径に依存して調整する事が可能なため、トップ層ボトム層共にペロブスカイト結晶を用いたオールペロブスカイトのタンデム太陽電池の実現も可能である[70]。一方、素子の耐久性についてはまだまだ実用レベルに達しておらず、今後の大きな研究課題の一つである。また、耐久性問題は錫ペロブスカイト太陽電池に限った話ではなく、全てのペロブスカイト太陽電池全体に共通する課題と認識されており、今後の実用化に向けた研究のさらなる進展に貢献したい。

参考文献

1) A. Kojima, K. Teshima, Y. Shirai, and T. Miyasaka, J. Am. Chem. Soc., 131, 6050-6051 (2009)

2) M. M. Lee, J. Teuscher, T. Miyasaka, T. N. Murakami, and H. J. Snaith, Science, 338, 643-647 (2012)

3) M. A. Green, E. D. Dunlop, G. Siefer, M. Yoshita, N. Kopidakis, K. Bothe, and X. Hao, Progress in Photovoltaics: Research and Applications, 31, 3-16 (2023)

4) D. B. Khadka, Y. Shirai, M. Yanagida, T. Tadano, and Kenjiro Miyano, Adv. Energy Mat. 12, 2202029 (2022)

5) https://www.jst.go.jp/sip/p05/index.html

6) https://www.nims.go.jp/research/MaDIS/index.html

7) M. Z. Liu, M. B. Johnston, and H. J. Snaith, Nature, 501, 395-398 (2013)

8) H. Zhou, Q. Chen, G. Li, S. Luo, T.-b. Song, H.-S. Duan, Z. Hong, J. You, Y. Liu, and Y. Yang, Science, 345, 542-546 (2014)

9) P. Docampo, J. M. Ball, M. Darwich, G. E. Eperon, and H. J. Snaith, Nat. Commun., 4, 2761-2766 (2013); J. M. Ball, M. M. Lee, A. Hey, and H. J. Snaith, Energy Environ. Sci., 6, 1739-1743 (2013)

10) T. J. Jacobsson, A. Hultqvist, A. García-Fernández, A. Anand, A. Al-Ashouri, A. Hagfeldt, A. Crovetto, A. Abate, A. G. Ricciardullii, A. Vijayan, A. Kulkarni, A. Y. Anderson, B. P. Darwich, B. Yang, B. L. Coles, C. A. R. Perini, C. Rehermann, D. Ramirez, D. Fairen-Jimenez, D. D. Girolamo, D. Jia, E. Avila1, E. J. Juarez-Perez, F. Baumann, F. Mathies, G. S. A. González, G. Boschloo, G.

Nasti1, G. Paramasivam, G. Martínez-Denegri, H. Näsström, H. Michaels, H. Köbler, H. Wu, I. Benesperi, M. I. Dar, I. B. Pehlivan, I. E. Gould, J. N. Vagott, J. Dagar1, J. Kettle, J. Yang, J. Li1, J. A. Smith, J. Pascual, J. J. Jerónimo-Rendón, J. F. Montoya, J.-P. Correa-Baena, J. Qiu, J. Wang, K. Sveinbjörnsson, K. Hirselandt, K. Dey, K. Frohna, L. Mathies, L. A. Castriotta, M. H. Aldamasy, M. Vasquez-Montoya, M. A. Ruiz-Preciado, M. A. Flatken, M. V. Khenkin, M. Grischek, M. Kedia, M. Saliba, M. Anaya, M. Veldhoen, N. Arora, O. Shargaieva, O. Maus, O. S. Game, O. Yudilevich1, P. Fassl, Q. Zhou, R. Betancur, R. Munir1,R. Patidar, S. D. Stranks, S. Alam, S. Kar, T. Unold, T. Abzieher, T. Edvinsson, T. W. David, U. W. Paetzold, W. Zia1, W. Fu11, W. Zuo, V. R. F. Schröder, W. Tress, X. Zhang, Y.-H. Chiang, Z. Iqbal, Z. Xie, and E. Unger, Nature Energy 7,107-115(2022)

11）E. Zimmermann, P. Ehrenreich, T. Pfadler, J. A. Dorman, J. Weickert, and L. Schmidt-Mende, Nat. Photonics, 8, 669-672 (2014)

12）T. M. Koh, T. Krishnamoorthy, N. Yantara, C. Shi, W. L. Leong, P. P. Boix, A. C. Grimsdale, S. G. Mhaisalkar, N. Mathews, J. Mater. Chem. A, 3, 14996-15000 (2015)

13）S. J. Lee, S. S. Shin, Y. C. Kim, D. Kim, T. K. Ahn, J. H. Noh, J. Seo, and S. I. Seok, J. Am. Chem. Soc. 138, 3974-3977(2016)

14）W. J. Ke, C. C. Stoumpos, J. L. Logsdon, M. R. Wasielewski, Y. F. Yan, G. J. Fang, and M. G. Kanatzidis, J. Am. Chem. Soc., 138, 14998-15003 (2016)

15）W. Liao, D. Zhao, Y. Yu, C. R. Grice, C. A. Wang, A. J. Cimaroli, P. Schulz, W. Meng, K. Zhu, R.-G. Xiong, and Y. Yan, Adv. Mater., 28, 9333−9340 (2016)

16）Z. R. Zhao, F. D. Gu, Y. L. Li, W. H. Sun, S. Y. Ye, H. X. Rao, Z. W. Liu, Z. Q. Bian, and C. H. Huang, Adv. Sci., 4, 1700204 (2017)

17）W. J. Ke, C. C. Stoumpos, M. H. Zhu, L. L. Mao, I. Spanopoulos, J. Liu, O. Y. Kontsevoi, M. Chen, D. Sarma, Y. B. Zhang, M. R. Wasielewski, and M. G. Kanatzidis, Sci. Adv., 3, e1701293 (2017)

18）Y. Liao, H. Liu, W. Zhou, D. Yang, Y. Shang, Z. Shi, B. Li, X. Jiang, L. Zhang, L. N. Quan, R. Quintero-Bermudez, B. R. Sutherland, Q. Mi, E. H. Sargent, and Z. Ning, J. Am. Chem. Soc., 139, 6693−6699 (2017)

19）M. Ozaki, Y. Katsuki, J. W. Liu, T. Handa, R. Nishikubo, S. Yakumaru, Y. Hashikawa, Y. Murata, T. Saito, Y. Shimakawa, Y. Kanemitsu, A. Saeki, and A. Wakamiya, ACS Omega 2, 7016-7021 (2017)

20）J. Xi, Z. X. Wu, B. Jiao, H. Dong, C. X. Ran, C. C. Piao, T. Lei, T. B. Song, W. J. Ke, T. Yokoyama, X. Hou, and M. G. Kanatzidis, Adv. Mater., 29, 1606964 (2017)

21）S, Shao, J. Liu, G. Portale, H.-H. Fang, G. R. Blake, G. H. ten Brink, L. J. A. Koster, and M. A. Loi, Adv. Energy Mater., 8, 1702019 (2018)

22）C. Ran, J. Xi, W. Gao, F. Yuan, T. Lei, B. Jiao, X. Hou, and Z. Wu, ACS Energy Lett., 3, 713−721 (2018)

23） X. Liu, Y. Wang, F. Xie, X. Yang, and L. Han, ACS Energy Lett. 3, 1116－1121 (2018)
24） W. J. Ke, C. C. Stoumpos, I. Spanopoulos, M. Chen, M. R. Wasielewski, and M. G. Kanatzidis, ACS Energy Lett., 3,1470-1476 (2018)
25） M. E. Kayesh, T. H. Chowdhury, K. Matsuishi, R. Kaneko, S. Kazaoui, J. J. Lee, T. Noda, and A. Islam, ACS Energy Lett., 3, 1584-1589 (2018)
26） C. M. Tsai, Y. P. Lin, M. K. Pola, S. Narra, E. Jokar, Y. W. Yang, and E. W. G. Diau, ACS Energy Lett., 3, 2077-2085 (2018)
27） X. H. Liu, K. Yan, D. W. Tan, X. Liang, H. M. Zhang, and W. Huang, ACS Energy Lett., 3, 2701-2707 (2018)
28） F. Wang, X. Jiang, H. Chen, Y. Shang, H. Liu, J. Wei, W. Zhou, H. He, W. Liu, and Z. Ning, Joule, 2, 2732－2743 (2018)
29） W. J. Ke, P. Priyanka, S. Vegiraju, C. C. Stoumpos, I. Spanopoulos, C. M. M. Soe, T. J. Marks, M. C. Chen, and M. G. Kanatzidis, J. Am. Chem. Soc., 140, 388-392 (2018)
30） Z. L. Zhu, C. C. Chueh, N. Li, C. Y. Mao, and A. K. Y. Jen, Adv. Mater., 30, 1703800 (2018)
31） W. Y. Gao, C. X. Ran, J. R. Li, H. Dong, B. Jiao, L. J. Zhang, X. G. Lan, X. Hou, and Z. X. Wu, J. Phys. Chem. Lett., 9, 6999-7006 (2018)
32） H. Kim, Y. H. Lee, T. Lyu, J. H. Yoo, T. Park, and J. H. Oh, J. Mater. Chem. A, 6, 18173-18182 (2018)
33） E. Jokar, C. H. Chien, A. Fathi, M. Rameez, Y. H. Chang, and E. W. G. Diau, Energy Environ. Sci., 11, 2353-2362 (2018)
34） J. W. Liu, M. Ozaki, S. Yakumaru, T. Handa, R. Nishikubo, Y. Kanemitsu, A. Saeki, Y. Murata, R. Murdey, and A. Wakamiya, Angew. Chem., Int. Ed., 57, 13221-13225 (2018)
35） Q. D. Tai, X. Y. Guo, G. Q. Tang, P. You, T. W. Ng, D. Shen, J. P. Cao, C. K. Liu, N. X. Wang, Y. Zhu, C. S. Lee, and F. Yan, Angew. Chem., Int. Ed., 58, 806-810 (2019)
36） I. Zimmermann, S. Aghazada, and M. K. Nazeeruddin, Angew. Chem.,Int. Ed., 58, 1072-1076 (2019)
37） E. Jokar, C. H. Chien, C. M. Tsai, A. Fathi, and E. W. G. Diau, Adv. Mater., 31, 1804835 (2019)
38） M. Chen, M. G. Ju, M. Hu, Z. Dai, Y. Hu, Y. Rong, H. Han, X. C. Zeng, and Y. Z. N. P. Padture, ACS Energy Lett., 4, 276-277 (2019)
39） M. E. Kayesh, K. Matsuishi, R. Kaneko, S. Kazaoui, J. J. Lee, T. Noda, and A. Islam, ACS Energy Lett., 4, 278-284 (2019)
40） J. Qiu, Y. D. Xia, Y. T. Zheng, W. Hui, H. Gu, W. B. Yuan, H. Yu, L. F. Chao, T. T. Niu, Y. G. Yang, X. Y. Gao, Y. H. Chen, and W. Huang, ACS Energy Lett., 4, 1513-1520 (2019)
41） K. Nishimura, D. Hirotani, M. A. Kamarudin, Q. Shen, T. Toyoda, S. Iikubo, T. Minemoto, K. Yoshino, and S. Hayase, ACS Appl. Mater. Interfaces, 11, 31105-31110 (2019)

42）H. Xu, Y. Jiang, T. He, S. Li, H. Wang, Y. Chen, and M. Yuan, J. Chen, Adv. Funct. Mater., 29, 1807696 (2019)
43）C. Liu, J. Tu, X. T. Hu, Z. Q. Huang, X. C. Meng, J. Yang, X. P. Duan, L. C. Tan, Z. Li, and Y. W. Chen, Adv. Funct. Mater., 29, 1808059 (2019)
44）S. Y. Shao, J. J. Dong, H. Duim, G. H. ten Brink, G. R. Blake, G. Portale, and M. A. Loi, Nano Energy, 60, 810-815 (2019)
45）M. Liao, B. B. Yu, Z. X. Jin, W. Chen, Y. D. Zhu, X. S. Zhang, W. T. Yao, T. Duan, I. Djerdj, and Z. B. He, ChemSusChem, 12, 5007-5014 (2019)
46）T. H. Chowdhury, Md. E. Kayesh, J.-J. Lee, Y. Matsushita, S. Kazaoui, and A. Islam, Sol. RRL, 1900245 (2019)
47）X. Meng, J. Lin, X. Liu, X. He, Y. Wang, T. Noda, T. Wu, X. Yang, and L. Han, Adv. Mater., 31, 1903721 (2019)
48）J. Cao, Q. Tai, P. You, G. Tang, T. Wang, N. Wang, and F. Yan, J. Mater. Chem. A, 7, 26580-26585 (2019)
49）M. A. Kamarudin, D. Hirotani, Z. Wang, K. Hamada, K. Nishimura, Q. Shen, T. Toyoda, S. Iikubo, T. Minemoto, K. Yoshino, and S. Hayase, J. Phys. Chem. Lett., 10, 5277−5283 (2019)
50）C. Ran, W. Gao, J. Li, J. Xi, L. Li, J. Dai, Y. Yang, X. Gao, H. Dong, B. Jiao, I. Spanopoulos, C. D. Malliakas, X. Hou, M. G. Kanatzidis, and Z. Wu, Joule, 3, 3072−3087 (2019)
51）X. Jiang, F. Wang, Q. Wei, H. Li, Y. Shang, W. Zhou, C. Wang, P. Cheng, Q. Chen, L. Chen, and Z. Ning, Nat. Commun., 11, 1245 (2020)
52）L. He, H. Gu, X. Liu, P. Li, Y. Dang, C. Liang, L. K. Ono, Y. Qi, and X. Tao, Matter, 2, 167-180 (2020)
53）T. Nakamura, S. Yakumaru, M. A. Truong, K. Kim, J. Liu, S. Hu, K. Otsuka, R. Hashimoto, R. Murdey, T. Sasamori, H. D. Kim, H. Ohkita, T. Handa, Y. Kanemitsu, and A. Wakamiya, Nat. Commun., 11, 3008 (2020)
54）P. Li, X. Liu, Y. Zhang, C. Liang, G. Chen, F. Li, M. Su, G. Xing, X. Tao, and Y. Song, Angew. Chem., Int. Ed., 59, 6909-6914 (2020)
55）X. Jiang, H. Li, Q. Zhou, Q. Wei, M. Wei, L. Jiang, Z. Wang, Z. Peng, F. Wang, Z. Zang, K. Xu, Y. Hou, S. Teale, W. Zhou, R. Si, X. Gao, E. H. Sargent, and Z. Ning, J. Am. Chem. Soc., 143, 10970−10976 (2021)
56）T. Yokoyama, Y. Nishitani, Y. Miyamoto, S. Kusumoto, R. Uchida, T. Matsui, K. Kawano, T. Sekiguchi, and Y. Kaneko, ACS Appl. Mater. Interfaces, 12, 27131-27139 (2020)
57）D. B. Khadka, Y. Shirai, M. Yanagida, and K. Miyano, ACS Appl. Energy Mater., 4, 12819-12826 (2021)
58）D. B. Khadka, Y. Shirai, M. Yanagida, and K. Miyano, J. Mater. Chem. C, 8, 2307-2313 (2020)

59) M. H. Kumar, S. Dharani, W. L. Leong, P. P. Boix, R. R. Prabhakar, T. Baikie, C. Shi, H. Ding, R. Ramesh, M. Asta, M. Graetzel, S. G. Mhaisalkar, and N. Mathews, Adv. Mater., 26, 7122-7127 (2014)
60) X. Meng, Y. Wang, J. Lin, X. Liu, X. He, J. Barbaud, T. Wu, T. Noda, X. Yang, and L. Han, Joule, 4, 902-912 (2020)
61) M. Chen, Q. Dong, F. T. Eickemeyer, Y. Liu, Z. Dai, A. D. Carl, B. Bahrami, A. H. Chowdhury, R. L. Grimm, Y. Shi, Q. Qiao, S. M. Zakeeruddin, M. Grätzel, and N. P. Padture,ACS Energy Lett., 5, 2223-2230 (2020)
62) X. Liu, T. Wu, J.-Y. Chen, X. Meng, X. He, T. Noda, H. Chen, X. Yang, H. Segawa, Y. Wang, and L. Han, Energy Environ. Sci., 13, 2896-2902 (2020)
63) C. Wang, F. Gu, Z. Zhao, H. Rao, Y. Qiu, Z. Cai, G. Zhan, X. Li, B. Sun, X. Yu, B. Zhao, Z. Liu, Z. Bian, and C. Huang, Adv. Mater., 32, 1907623 (2020)
64) X. Jiang, F. Wang, Q. Wei, H. Li, Y. Shang, W. Zhou, C. Wang, P. Cheng, Q. Chen, L. Chen, and Z. Ning, Nat. Commun., 11, 1245 (2020)
65) K. Nishimura, M. A. Kamarudin, D. Hirotani, K. Hamada, Q. Shen, S. Iikubo, T. Minemoto, K. Yoshino, and S. Hayase, Nano Energy, 74, 104858 (2020)
66) C. Wang, Y. Zhang, F. Gu, Z. Zhao, H. Li, H. Jiang, Z. Bian, and Z. Liu, Matter, 4, 709-721 (2021)
67) B.-B. Yu, Z. Chen, Y. Zhu, Y. Wang, B. Han, G. Chen, X. Zhang, Z. Du, and Z. He, Adv. Mater., 2102055 (2021)
68) X. Jiang, H. Li, Q. Zhou, Q. Wei, M. Wei, L. Jiang, Z. Wang, Z. Peng, F. Wang, Z. Zang, K. Xu, Y. Hou, S. Teale, W. Zhou, R. Si, X. Gao, E. H. Sargent, and Z. Ning, J. Am. Chem. Soc., 143, 10970-10976 (2021)
69) M. Abdel-Shakour, T. H. Chowdhury, K. Matsuishi, M. A. Karim, Y. He, Y. Moritomo, and A. Islam, ACS Appl. Energy Mater., 4, 12515-12524 (2021)
70) R. Lin, K. Xiao, Z. Qin, Q. Han, C. Zhang, M. Wei, M. I. Saidaminov, Y. Gao, J. Xu, M. Xiao, A. Li, J. Zhu, E. H. Sargent, and H. Tan, Nat. Energy, 4, 864-873 (2019)

第 2 章

ペロブスカイト太陽電池の
実用化と応用展開

第1節　ペロブスカイト太陽電池の成膜技術の開発動向とシースルー化

東芝エネルギーシステムズ株式会社／株式会社東芝　五反田　武志

はじめに

ペロブスカイト太陽電池は、ペロブスカイト材料から成る光電変換層で構成された太陽電池である。ペロブスカイト材料の溶解液を塗布して乾燥させるだけで光電変換層を形成できるため、安価に太陽電池が製造できると考えられている。しかし、生産設備としてペロブスカイトの成膜装置を実現する上ではいくつかの課題がある。ピンホール等の重大な課題について解説するとともに、開発動向を紹介する。本節の後半では、ペロブスカイト太陽電池の応用用途としてシースルー型太陽電池が期待されていることから、これを実現するためのデバイス構造の動向も解説する。

1.　ペロブスカイト太陽電池の成膜技術の課題

2009年に桐蔭横浜大学の宮坂力先生らがペロブスカイト太陽電池を発見した。当時は酸化チタンにペロブスカイト材料を積層し、2種類のペロブスカイト材料が評価され、いずれの材料からも明確なⅣカーブが得られた[1)]。しかし当時のエネルギー変換効率（PCE）は約4％であった。2012年にPCEが10％を超えてから、多くの研究者がペロブスカイト太陽電池に注目し始めた[2)]。その結果、色素増感太陽電池や有機薄膜太陽電池の研究者が、ペロブスカイト太陽電池の研究を始める動きが多く見られた。ゆえに色素増感太陽電池と有機薄膜太陽電池で蓄積された研究成果も活用されながら、ペロブスカイト太陽電池は急速にPCEを高めた。現在、ペロブスカイト太陽電池の変換効率は25.7％に到達した[3)]。

2012年にPCEが10％を超えたが、PCEのばらつきはとても大きいものであった[2)]。同じ方法で太陽電池を作製してもPCEは0％から約11％までばらついていた。この時のPCEの分布を正規分布と仮定した場合、中央値は5％程度であった。当時、有機薄膜太陽電池のモジュールにおいて、日本は世界一のPCEを達成した[4)]。当時の有機薄膜太陽電池のPCEのばらつきと比較した場合、ペロブスカイト太陽電池のばらつきは大きく劣っていた。ペロブスカイト太陽電池の発電面積を広くするとPCEが低下することも実験的に確認された[5)]。発電面積0.1cm^{2}でPCE 8.4％のとき、16.8cm^{2}に広げるとPCEが5.1％に低下した。つまり、ペロブスカイト太陽電池は、低PCEの領域が一定の確率で発生しており、小面積だけを測定すれば、高PCEを示す部分があるが、発電面積を広くするほど、低PCE部分の影響を受けることを示唆していた。大面積でペロブスカイトを成膜する技術を開発するためには、小面積の段階で、PCEのばらつきを低減する必要がある。

2.　ペロブスカイト層の成膜方法

小面積のペロブスカイト太陽電池を作製するとき、多くの場合、ペロブスカイト層はスピンコーターで成膜される。スピンコーターの成膜方法は、一般的に3つに分類される。1ステップ法、2

ステップ法、アンチソルベント法である[6-8]。1ステップ法は最初期に使われていた成膜方法である。ペロブスカイトの原料の溶液を一度にスピンコートする方法である。ペロブスカイト太陽電池の最初の論文も1ステップ法が使用された[1]。次に注目されたのが2ステップ法である。こちらはペロブスカイトの材料を2回に分けて成膜する方法である。Sequential deposition、Two-step spin-coating、Intermolecular exchange processなど、当初は様々な名称で呼ばれていた。最後に注目されたのがアンチソルベント法である。こちらは1ステップと同様に全ての材料を一度に滴下するが、滴下した溶液が乾燥する前に、ペロブスカイト材料に対して貧溶媒を滴下して、ペロブスカイト材料を急速に膜化することを特徴としている。これによりピンホールが少なく、比較的平滑な膜を形成できる。現在では、小面積で高い性能を得るためには、多くの場合、アンチソルベント法が使用されている。また、アンチソルベント法は、他の成膜法に比べて簡便である点も好まれている。一方で、アンチソルベント法は、大面積の太陽電池を作る上では課題が多い成膜法である。大量の貧溶媒を消費する上、広い面積に貧溶媒を一瞬で塗布する操作は､生産設備として実現するには難易度が高いように感じられる。

近年では貧溶媒に代わってガスを吹き付ける方法が期待されている。特に有機系のバッファー材料の上にペロブスカイトを成膜する上で優れた効果が確認されている[9]。発電面積1cm^2の太陽電池作製において、ガスを吹きかけない場合、PCEが0.03％に対して、ガスを吹きかけることでPCEが7.54％まで向上できたほどである。そして、複数作製した太陽電池のPCEのばらつきは±0.2に収まることが報告されている。ガスを吹きかけない場合、ペロブスカイトの液膜は自由界面側に何ら制約を受けないため、結晶成長に伴って表面が起伏した形状になる。同時に塗布膜が割けてピンホールが形成される。ガスを吹きかけることで、比較的平滑なペロブスカイト層が得られるとともに、膜中のボイドやピンホールの発生が抑制される。高いPCEを得るためには、多くの塗布法と同様に、最後に加熱して良質の結晶を形成する。ペロブスカイト材料を急速に膜化する点が似ているため、ガスを吹きかける方法（以下、ガスブロー法）は、アンチソルベント法の一種に分類されることもある。溶液を塗布してからガスを吹きかけるまでのタイミングが重要である点もアンチソルベント法と類似する。本手法の開発成果は企業による国内最初のペロブスカイト太陽電池の新聞記事となり、海外からも早期に量産に着目したことが高く評価された。特許庁の調査報告書において、高効率化に関する代表技術としても引用されている[10-13]。

表1にPCEのばらつきをまとめた。比較として示したアンチソルベント法は、作製者によってばらつきの程度が異なるが、最も良好な例を探しても±0.3ポイントである[14]。別種としてVacuum-flash solution processing（VFSP）も示した。大面積に適した方法として提案されている。塗布後、減圧下に置くことで溶媒を除去する方法である。速やかに乾燥させることでピンホールの発生等を防いでいる。VFSPであってもばらつきは0.37ポイントと比較的大きいことがわかる[15]。表1からわかるように、ガスブロー法は、低いプロセス温度で成膜される有機系のバッファー上であっても、ばらつきを最も低く抑えてペロブスカイトを形成できる。ゆえに、低温プロセスが必要なプラスチック基板上に太陽電池を作製して、軽量でフレキシブルな太陽電池の実現が期待できるようになった。

表1　成膜方法とPCEのばらつき

成膜方法 （バッファー層とペロブスカイト材料）	PCE［%］ （Mean ± standard deviation）	発電面積 ［cm^2］	最も高いプロセス温度 ［℃］と材料	出典
アンチソルベント法 （NiMgLiO/$MAPbI_3$）	～16.4±0.30	1	500 （NiMgLiO）	14）
Vacuum-flash solution processing （mp-TiO_2/$FA_{0.81}MA_{0.15}PbI_{2.51}Br_{0.45}$）	19.58±0.37	1	450 （mp-TiOx）	15）
ガスブロー法 （PEDOT/$MAPbI_3$）	7.2±0.21	1	140 （PEDOT）	9）
ガスブロー法 （PEDOT/$MAPb(I_{(1-0.1)}Br_{0.1})_3$）	13.0±0.20	1	140 （PEDOT）	11）

3.　ガスブロー法によるモジュール作製

ガラス基板をスピンコーターで回転させている間、ガスを吹きかけることで、ガスブローによる効果を得ることができる。しかし、モジュール作製のように発電面積が広くなる場合、ガスを吹き付けた場所から遠ざかるにつれて、電流密度が低下する問題がある。これを防ぐためには、基板全面にガスを均等に吹き付けることが重要である。図1には一例を示した[16)]。この場合、ペロブスカイトをガラス基板上に塗布するためだけにスピンコーターを使用した。液膜を形成することが目的であるため、スピンコーターの回転は極め短時間で終了させた。次に専用の治具にガラス基板を移し替えて、液膜全体にガスを吹き付けた。図1に示したように基板の横方向からガスを流入させることで、発電エリア全体にガスを吹きかけた。これにより発電面積全体が同等の電流密度を示すことができる。PCEのばらつきは±0.12まで低減された。作製した太陽電池の暗電流特性から算出される理想係数は1.3であり、ペロブスカイト太陽電池としては優れた値を示した。また、ペロブスカイトを構成するイオンの動き易さをインピーダンス測定で評価できるが、ガスブロー法で作製した膜は、イオンが安定であることも確認された。次に塗布工程をスピンコーターからメニスカスコーターに置き換えて、5cm角のモジュールを作製した[17)]。メニスカスコーター（バーコーターの一種）で塗布後、ガスブローを行うことでPCE 15%（アクティブエリア）を得ることができた。2018～2019年頃にスピンコーター以外に、大面積で塗布可能な技術を用いた試作例が報告され始めた。表2にそれらを示したが、塗布方法、膜化工程（例えばガスブロー法）に分けて整理した。表2からわかるように、当時、VFSPを組み合わせることで高いPCEが報告されてたが、ガスブローを組み合わせた場合は、モジュールの大きさで、逸早く高いPCEを報告することができた。

表3に示したように、2020年にはスロットダイにガスブローを組み合わせることで、高いPCEのモジュールが報告されるようになった。最近ではエアナイフのような吹き出し口を用いた検討が行われている[25)]。

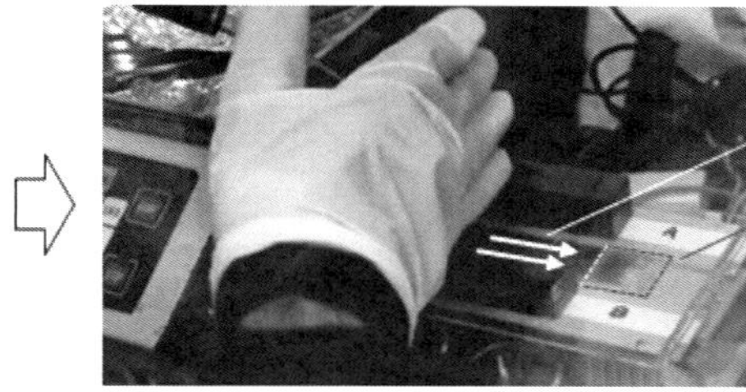

図1　ペロブスカイト成膜における塗布工程と膜化工程

表2　2018～2019年に発表された大面積塗布技術の報告例

塗布工程	膜化工程	タイプ	PCE［%］	面積［cm^2］	報告年	出　典
Inkjet printing	VFSP	セル	21.6	0.42	2019	18)
Inkjet printing	無	セル	17.74	2.02	2018	19)
Slot-die	無	モジュール	12.1	70.00	2019	20)
メニスカスコーター	ガスブロー	モジュール	15	25.00	2019	21)

表3　2020年に発表されたSlot-dieの報告例

塗布工程	膜化工程	タイプ	PCE	面積［cm^2］	報告年	出　典
Slot-die	ガスブロー	セル	22.7	0.09	2020	21)
slot-die	無	セル	21.8	0.10	2020	22)
Slot-die	ガスブロー	モジュール	19.6	7.92	2020	21)
Slot-die	無	モジュール	15.6	36.10	2020	23)
Slot die	無	モジュール	11.1	168.75	2020	24)

4.　成膜法の動向

前項の塗布法とガスブローの組み合わせ例からわかるように、ペロブスカイトの成膜は、ペロブスカイト溶液を塗る工程（塗布工程）だけでなく、膜化工程も重要である。図2では塗布工程を図2-a)～f)、膜化工程を図2-g)～i)に示した。図2-a)～f)までに示した塗布工程のみでペロブスカイト太陽電池を作製することが可能なケースもあるが、大面積化を容易にするためには膜化工程が組み合わされるケースがある。これまでに説明したアンチソルベント法は、図2-a)とg)の組み合わせだと理解できる。3項でPCE 15%が得られたモジュール作製例は、図2-b)とi)の組み合わせだと言える。

図2-c)のスロットダイコーターは、表3でも示したように、スロットダイコーター単体や、図2-i)のガスブローと組み合わせた事例が検討されている。台湾の大学と装置メーカーはスロットダイコータから成る成膜装置を開発中である[26]。ペロブスカイト層だけでなく、ペロブスカイト太陽電池を構成するバッファー層もスロットダイコーターで塗布できるように開発されている。図2-d)のインク

ジェットは、Saule Technologies（ポーランド）とパナソニックで検討されている[27, 28]。パナソニックはガラス基板上に30cm角のモジュールを作製し、PCE 16.9％を達成している。図2-e）のグラビア印刷は、報告例は少ないがKorea Research Institute of Chemical Technology（韓国）で検討が進められており、図2-i）のガスブローとの組み合わせで提案されている[29]。図2-f）の蒸着は、研究グループは相対的に少ないが検討が進められている。例えばFraunhofer（ドイツ）ではテクスチャ基板上に成膜する技術として検討されている[30]。図2-h）のVFSPは、図2-a）のスピンコーターや図2-d）のインクジェットとの組み合わせも検討されている[15, 18]。

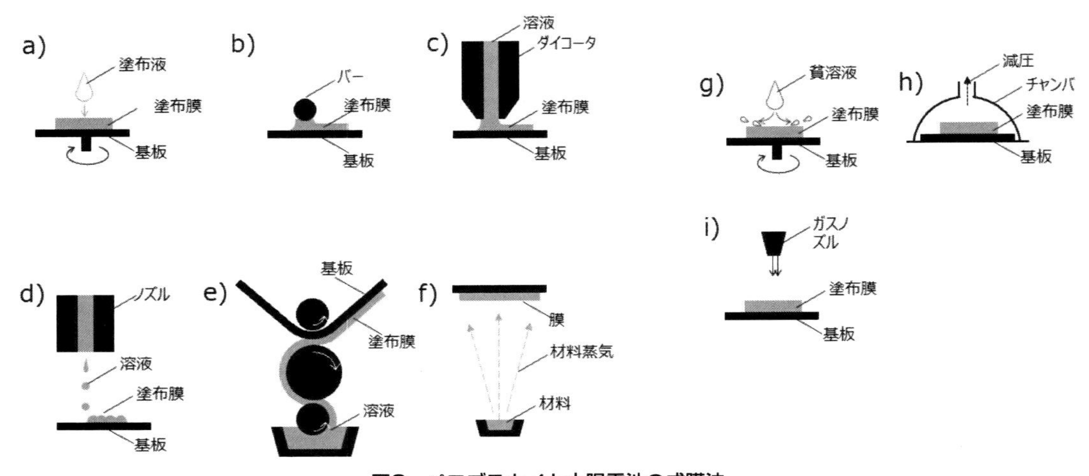

図2　ペロブスカイト太陽電池の成膜法
a）～f）は塗布工程。g）～i）は膜化工程となる
a）スピンコーター、　b）バーコーター、　c）スロットダイコーター、d）インクジェット、
e）グラビアイン印刷、f）蒸着、　g）アンチソルベント、
h）Vacuum-flash solution processing（VFSP）、i）ガスブロー

5.　シースルーペロブスカイト太陽電池の構造

太陽電池の用途を広げるためにシースルーは魅力的な機能である。近年注目されているペロブスカイト／シリコンタンデム太陽電池でも、シースルーのペロブスカイト太陽電池が組み合わされている。

図3は国内で逸早く作製されたシースルータイプのペロブスカイト太陽電池である。背面から光を照射して、背面の景色が見えている様子を示している[31]。なお、このサンプルもガスブロー法が利用されている。図4には通常のペロブスカイト太陽電池とシースルータイプの構造を比較した。図4-a）に示したように、通常のペロブスカイト太陽電池は、各図の下から順番に材料を積み上げた後、最後に蒸着で金属電極を形成する。これをシースルー化するためには、最後の電極をITO等の光透過性の電極に置き換える必要がある。報告例は少ないが図4-b）のように、透明電極をスパッタで成膜した報告例がある[32]。この場合、ペロブスカイト層等にダメージを与えないため、スパッタ条件の最適化が重要だと思われる。スパッタのダメージを軽減するために図4-c）に示したように、保護層を予め設けてから透明電極をスパッタ成膜した例がある[33-35]。この場合、保護層の成膜自体が、ペロブスカイト層にダメージを与えてはならず、且つ、保護層がキャリア輸送性を有する必要がある。保護層と

してナノパーティクルを塗布する方法や、原子層堆積法（Atomic Layer Deposition：ALD）で金属酸化膜を成膜した報告例が多い。なお、保護層を設けてもスパッタによるダメージを軽減するために、スパッタ条件の最適化は必要である。特に酸素分圧の影響が大きいことが分かっている[36]。図4-d）に示したように、光を透過できる厚さに金属電極を薄くする報告例もある。約40nm以下の金属であれば目視でもわかるほどに光を透過できる[37, 38]。しかし、金属電極側から受光した場合、PCEが低くなることは避けられない。図4-e）には、蒸着やスパッタを使わない事例として、塗布で電極を形成した例を示した[39]。電極の導電性と耐久性が十分であれば有力な構造である。

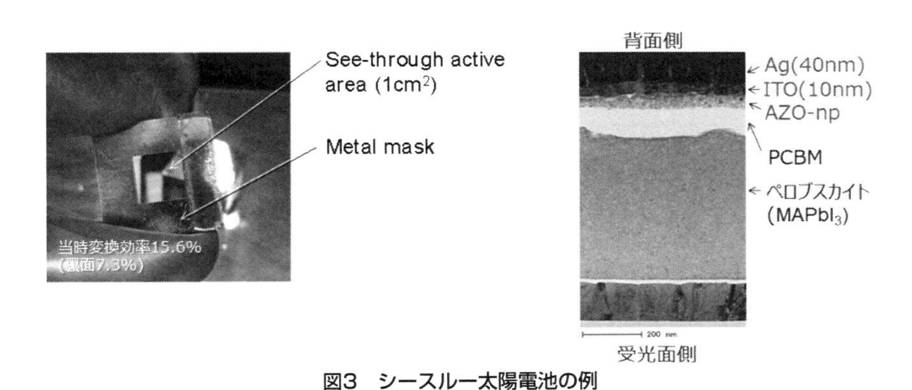

図3　シースルー太陽電池の例

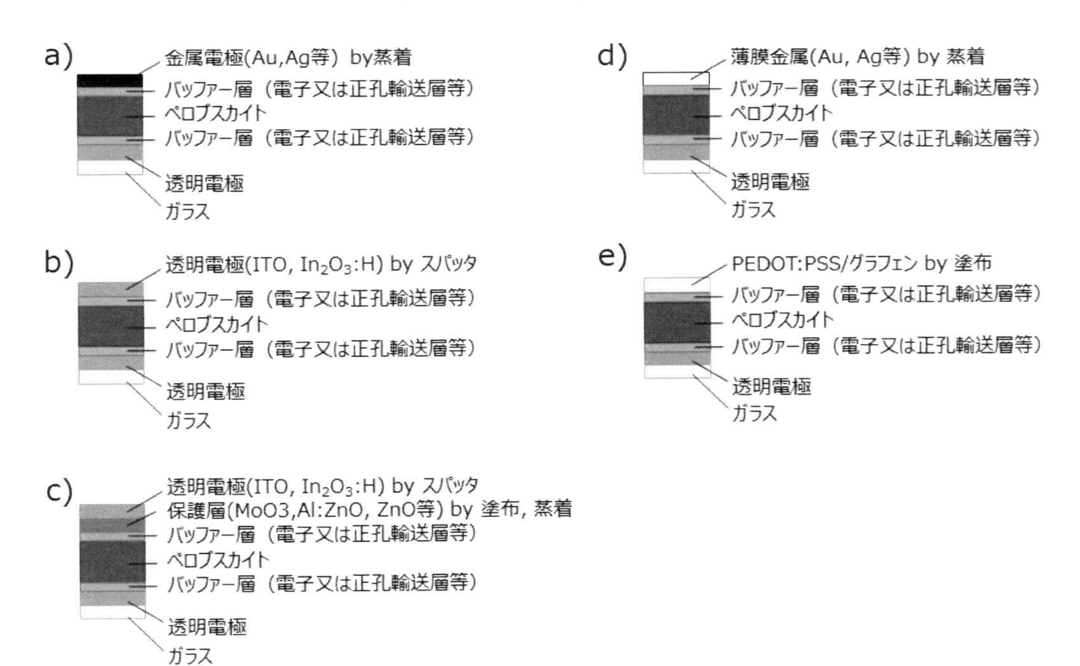

図4　ペロブスカイト太陽電池とシースルータイプとの比較
a）通常のペロブスカイト太陽電池、b）背面電極をスパッタで成膜した構造、
c）保護層を形成した後、背面電極をスパッタで成膜した構造、
d）背面電極を薄くした構造、e）背面電極を塗布で成膜した構造

おわりに

ペロブスカイト太陽電池は、光電変換層であるペロブスカイト層を、塗布で形成できる太陽電池である。スピンコーターと蒸着機があれば、太陽電池の研究を始めることができる。しかし、ペロブスカイト太陽電池を社会実装するためには、大面積化してもピンホール等の欠陥を防ぎながら、ペロブスカイト層を形成できる製造装置の開発が本格化する必要がある。当該分野の発展に期待を込めて結びとする。

謝辞

2014年に東芝においてペロブスカイト太陽電池の研究開発を始めるにあたって、桐蔭横浜大学 宮坂力特任教授、京都大学 吉川暹名誉教授、電気通信大学 早瀬修二特任教授からご助言いただけましたことに深く感謝申し上げる。

参考文献

1）A. Kojima, K. Teshima, Y. Shirai, T. Miyasaka, J. Am. Chem. Soc., 131(17), 6050(2009)

2）M. M. Lee, J. Teuscher, T. Miyasaka, T. N. Murakami, H. J. Snaith, Science 338(6107), 643 (2012)

3）https://www.nrel.gov/pv/cell-efficiency.html

4）https://meeting.jsap.or.jp/jsapm/wp-content/uploads/2018/04/entry_classified_table.pdf

5）F. Matteocci, S. Razza, F. D. Giacomo, S. Casaluci, G. Mincuzzi, T. M. Brown, A. D Epifanio, S. Licoccia, A. Di Carlo, Phys. Chem. Chem. Pyhs. 16(9), 3918 (2014)

6）N. Ahn, D.-Y. Son, I.-H. Jang, S. M. Kang, M. Choi, N.-G. Park, J. Am. Chem. Soc, 137(27), 8696(2015)

7）T. M. Koh, V. Shanmugam, J. Schlipf, L. Oesinghaus, P. M.-Buschbaum, N. Ramakrishnan, V. Swamy, N. Mathews, P. P. Boix, S. G. Mhaisalkar, Adv. Mater. 28(19), 3653 (2016)

8）N. J. Jeon, J. H. Noh, Y. C. Kim, W. S. Yang, S. Ryu, S. I. Seok, nature materials, 13(9), 897-903(2014)

9）T. Gotanda, S. Mori, A. Matsui, H. Oooka, Chem. Lett., 45(7), 822 (2016)

10）電子デバイス産業新聞（2016年10月6日）

11）T. Gotanda, S. Mori, H. Oooka, H. Jung, H. Nakao, K. Todori, Y. Nakai, J. Mater. Res., 32(14), 2700 (2017)

12）特許庁: 大分野別出願動向調査：ニーズ即応型技術動向調査報告書 (2020). https://www.jpo.go.jp/resources/report/gidou-houkoku/tokkyo/document/index/needs_2019_solarcell.pdf

13）五反田武志、森茂彦、松井明洋、大岡青日、特許第6382781号 (2018)

14）W. Chen, Y. Wu, Y. Yue, J. Liu, W. Zhang, X. Yang, H. Chen, E. Bi, I. Ashraful, M. Gratzel, L. Han, Science, 350(6263), 944 (2015)

15）X. Li, D. Bi, C. Yi, J.-D. Décoppet, J. Luo, S. M. Zakeeruddin, A. Hagfeldt, M. Grätzel, Science, 353, 58-62(2016)

16）T. Gotanda, H. Oooka, S. Mori, H. Nakao, A. Amano, K. Todori, Y. Nakai, K. Mizuguchi, Journal of Power Sources, 430, 145(2019)

17）H. Oh-oka, Y. Shinjo, T. Sawabe, T. Sugizaki, A. Amano, T. Ono, K. Sugi, I. Takasu, Y. Mizuno, J. Yoshida, S. Enomoto, A. Hirao, I. Amemiya, SID Symposium Dig. Tech. Pap. 41(1), 361(2010),

18)H. Eggers,F. Schackmar, T. Abzieher, Q. Sun, U. Lemmer, Y. Vaynzof, B. S. Richards, G. H.-Sosa, U. W. Paetzold, Adv. Energy Mater., 10(6), 1903184(2020)

19）P. Li, C. Liang, Bin Bao, Y. Li, X. Hub, Y. Wang, Y. Zhang, F. Li, G. Shao, Y. Son, Nano Energy, 46, 203(2018)

20）A. Bashir, J. H. Lew, S. Shukla, D. Gupta, T. Baikie, S. Chakraborty, R. Patidar. A. Bruno, S. Mhaisalkar, Z. Akhter, Solar Energy, 182, 225(2019)

21）M. Du, X. Zhu, L. Wang, H. Wang, J. Feng, X. Jiang, Y. Cao, Y. Sun, L. Duan, Y. Jiao, K. Wang, X. Ren, Z. Yan, S. Pang, S. Liu, Adv Mater, 32(47), 2004979(2020)

22）A. S. Subbiah, F. H. Isikgor, C. T. Howells, M. D. Bastiani, J. Liu, E. Aydin, F. Furlan, T. G. Allen, F. Xu, S. Zhumagali, S. Hoogland, E. H. Sargent, l. McCulloch, S. D. Wolf, ACS Energy Lett. 5(9), 3034(2020)

23）E. Bi, W. Tang, H. Chen, Y. Wang, J. Barbaud, T. Wu, W. Kong, P. Tu, H. Zhu, X. Zeng, J. He, S.-i. Kan, X. Yang, M. Grätzel, L. Han, Joule, 3(11), 2748(2019)

24）F. D. Giacomo, S. Shanmugam, H. Fledderus, B. J. Bruijnaers, W. J.H. Verhees, M. S. Dorenkamper, S. C.Veenstra, W. Qiu, R. Gehlhaar, T. Merckx, T. Aernouts, R. Andriessen, Y. Galagana, Sol. Energy Mater. Sol. Cells, 181, 53(2018)

25）Y. Deng, C. H. V. Brackle, X. Dai, J. Zhao, B. Chen, J. Huang, Sci. Adv., 5(12), eaax7537(2019)

26）B.-J. Huang, C.-K. Guan, S.-H. Huang, W.-F. Su, Solar Energy, 205, 192(2020)

27）https://www.youtube.com/watch?v=cRn1aTesLkI

28）https://news.panasonic.com/jp/press/data/2020/01/jn200120-1/jn200120-1.html

29）Y. Y. Kim, T.-Y. Yang, R. Suhonen, A. Kemppainen, K. Hwang, N. J. Jeon, J. Seo, Nature Communications 11(1), 1(2020)

30）P. S.C. Schulze, K. Wienands, A. J. Bett, S. Rafizadeh, L. E. Mundt, L. Cojocaru, M. Hermle, S. W. Glunz, H. Hillebrecht, J. C. Goldschmidt, Thin Solid Films 704, 137970(2020)

31）五反田武志、森茂彦、大岡青日、天野昌朗、都鳥顕司、中尾英之、水口 浩司: 第66回応用物理学会春季学術講演会, 11a-S221-12 (2019)

32）B. A. Nejand, V. Ahmadi, H. R. Shahverdi, ACS Appl. Mater. Interfaces, 7(39), 21807 (2015)

33）F. Fu, T. Feurer, T. Jäger, E. Avancini, B. Bissig, S. Yoon, S. Buecheler, A. N. Tiwari, nature communications, 6(1), 8932(2015)

34）K. A. Bush, C. D. Bailie, Y. Chen, A. R. Bowring, W. Wang, W. Ma, T. Leijtens, F. Moghadam, M. D. McGehee, Adv. Mater., 28(20), 3937-3943(2016)

35）F. Fu, T. Feurer, T. PaulWeiss, S. Pisoni, E. Avancini, C. Andres, S. Buecheler, A. N. Tiwarim, Nature Energy, 2(1), 16190(2017)

36）五反田武志、早瀬修二、松井卓矢、齋均: 応用電子物性分科会誌 27, 51 (2021)

37）G. E. Eperon, V. M. Burlakov, A. Goriely, H. J. Snaith, ACS Nano, 8, 591(2014)

38）G. Kim, T. Tatsuma, J. Phys. Chem. C 120(51), 28933(2016)

39）P. You, Z. Liu, Q. Tai, S. Liu, F. Yan, Adv. Mater, 27(24) 3632(2015)

第2章　ペロブスカイト太陽電池の実用化と応用展開

第2節　建材一体型太陽電池の実現に向けたペロブスカイト太陽電池の実用化開発

パナソニック ホールディングス株式会社　松井　太佑

はじめに

カーボンニュートラルの実現に向けて、太陽光発電は最も安価かつ技術的に確立された手段の一つであり、さらなる導入が大きく期待されている。しかしながら、日本を中心とした都市部においては、太陽光発電の設置に適した土地が不足しており、従来設置を想定していなかった建築物壁面や窓面における太陽電池の設置が必要になると考えられている。このような場所へ太陽電池を設置する場合は、従来のメガソーラーや屋根置きの太陽電池と比較して、高いデザイン性や建築物に適合する一品一様のサイズ対応等が必要である。そのような中で、塗布型で高効率なペロブスカイト太陽電池は、現在広く使われている結晶シリコン太陽電池と比較してサイズやデザインの自由度が高く、建材一体型太陽電池に適した技術であると考えられる。ラボレベルの小面積セルでは結晶シリコン太陽電池に並ぶ高い効率が報告されているものの、実用化に向けては信頼性の向上や大面積化、さらには各種製品を見据えた性能の確保や品質規格準拠など、クリアすべき課題は多い。本稿では、当社の建材一体型太陽電池の実現に向けた、ペロブスカイト太陽電池の実用化開発を紹介する。

1.　信頼性向上に向けた取り組み

地上設置型の太陽電池の品質規格としてIEC61215が定められている。本規格では、図1に示す通り様々な試験項目が定義されているが、主に「熱」「UV」「湿度」に対する耐久性、およびモジュールの「強度」や「電気的安全性」に関する試験に大別される。これらのうち、「UV」「湿度」に対する耐久性やモジュールの「強度」「電気的安全性」に関しては、封止材や周辺部材によって解決可能であるが、「熱」に対する耐久性に関しては、ペロブスカイト太陽電池の材料そのものに起因するため、封止材や周辺部材に拠らず、ペロブスカイト太陽電池特有の課題解決が必要となる。

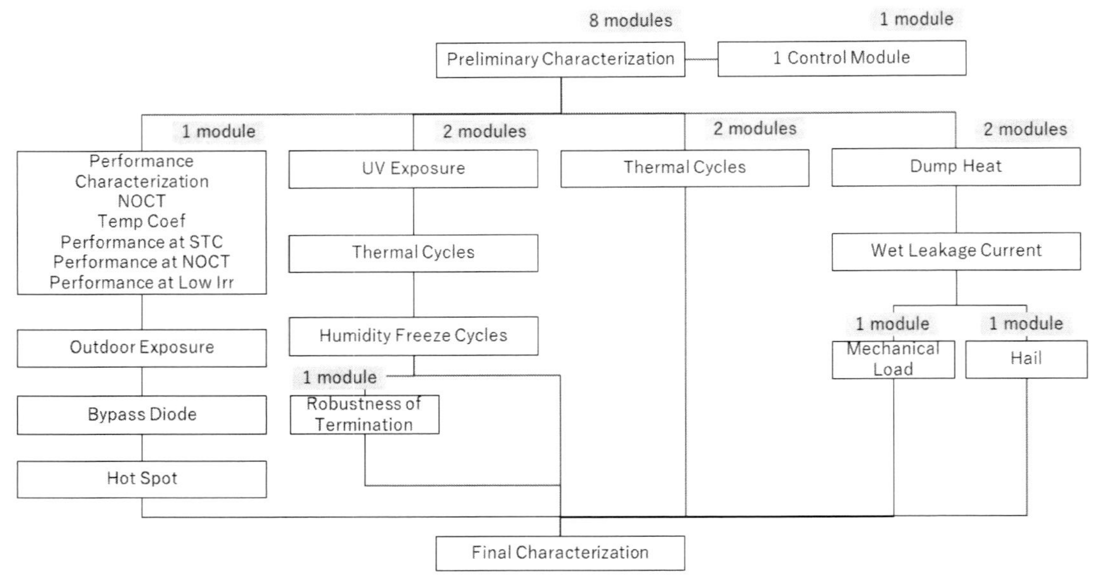

図1　IEC61215の概略フロー

特に、順積層型と呼ばれる電子輸送層である金属酸化物上にペロブスカイト材料およびホール輸送材料を順に積層していく構造においては、ペロブスカイト材料そのものの耐久性に加え、ホール輸送層に使用される有機半導体の耐久性が懸念されている。当社が開発初期に行った耐熱試験の結果を図2に示す。一般的に用いられている順積層型の構造（ガラス基板／透明電極／緻密TiO_2／多孔質TiO_2／ペロブスカイト($(FA_{0.83}MA_{0.17})Pb(I_{0.83}Br_{0.17})_3$)/Spiro-OMeTAD/Au）のペロブスカイト太陽電池を水分に触れないように封止し、85℃の恒温槽内に静置し、変換効率の推移を測定したところ、耐熱試験開始すぐ～100時間程度で急激に生じる劣化（初期劣化）と、試験開始後300時間あたりから生じる緩やかな劣化（後期劣化）の2種類の劣化が観測された。以下、これらの劣化についての解説と対策を紹介する。

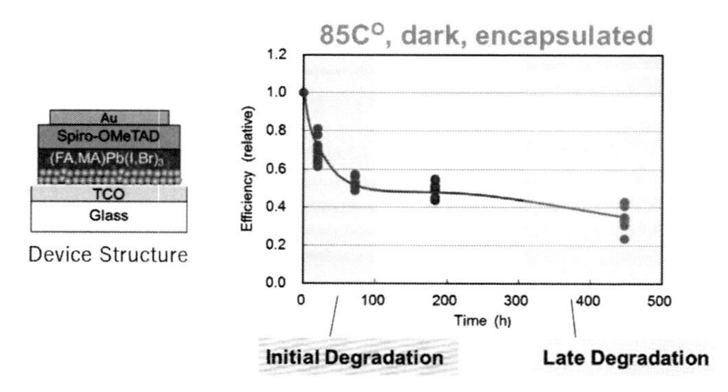

図2　開発初期のペロブスカイト太陽電池セルの耐熱挙動

1.1　ホール輸送材料の劣化と対策

初期劣化の原因解明のため、耐熱試験開始後120時間時点のサンプルを取り出し、Time-of-Flight Secondary Ion Mass Spectrometry（TOF-SIMS）による深さ方向の元素分析を実施した。図3に示す通り、特にCo、Li、F、S元素がホール輸送層からペロブスカイト層や電子輸送層側へ拡散していることが明らかになった。これらの元素はホール輸送のSpiro-OMeTADの導電性を向上させるために使用している添加剤であるリチウムビス（トリフルオロメタンスルホニル）イミド（LiTFSI）およびトリス(2-(1H-ピラゾール-1-イル)-4-tert-ブチルピリジン)コバルト(III)トリ［ビス(トリフルオロメタン)スルホンイミド(Co-TFSI)によるものであり、これら添加剤の拡散が確認できた。そこで、ホール輸送層にこれらの添加剤が含まれるデバイスと含まれないデバイスを準備し、耐熱試験開始後120時間時点のサンプルの断面SEM像を確認したところ、ホール輸送層に添加剤を含むデバイスにのみ、ペロブスカイト層に空隙が生じたり、ペロブスカイトの分解物であるPbI_2の形成が確認できた（図4）。これらの結果より、拡散した添加物に起因した劣化であると結論付けた。その後の検討により、この劣化は2種類の添加物のうち、主にCo-TFSIに起因することが明らかとなった。そこで、Co-TFSIの添加を必要としないホール輸送材料である、ポリ［ビス(4-フェニル)(2,4,6-トリメチルフェニル)アミン］(PTAA)を用いて太陽電池素子を作製し、耐熱試験を実施した（図5）。その結果、ホール輸送材料にSpiro-OMeTADを用いた素子で見られていた初期劣化が、PTAAを用いた場合には発生しないことが確認できた。

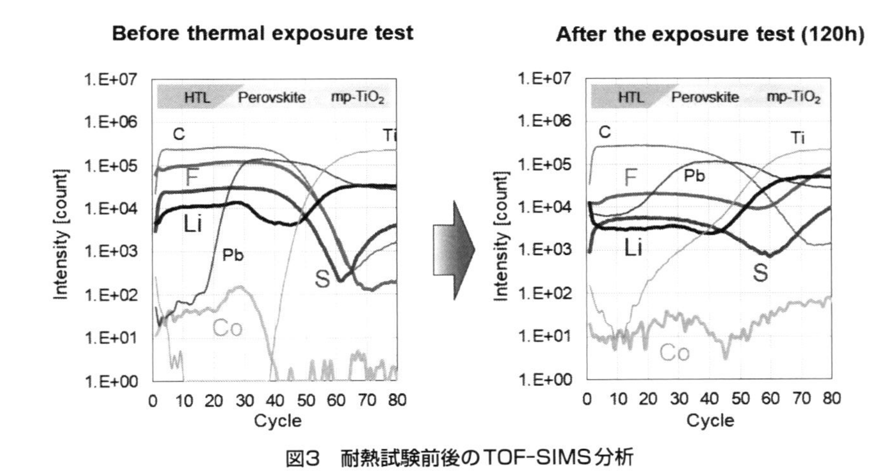

図3　耐熱試験前後のTOF-SIMS分析

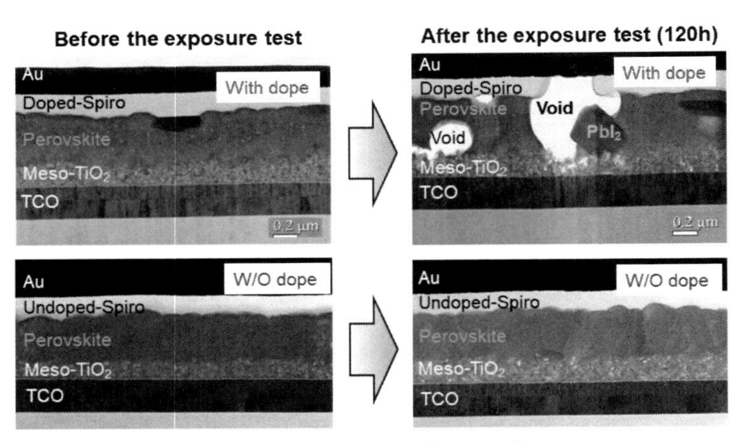

図4　耐熱試験前後の断面SEM像

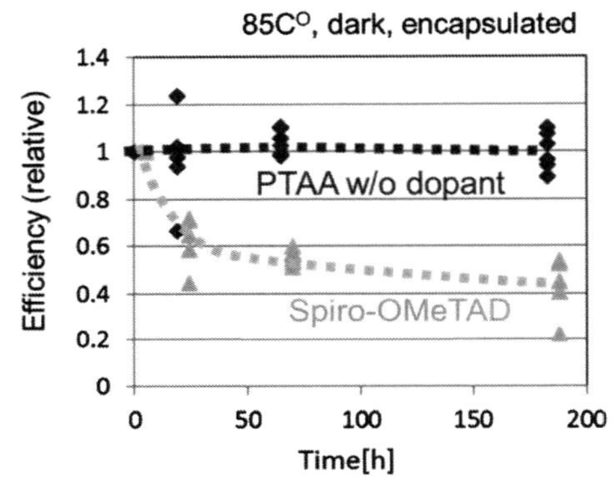

図5　異なるHTMを用いたペロブスカイト太陽電池素子の耐熱挙動

1.2　ペロブスカイト材料の劣化と対策

後期劣化の原因解明のため、耐熱試験開始後447時間時点までのサンプルを随時取り出し、XRDによるペロブスカイト層の分析を実施した。図6に示す通り、開始後すぐにペロブスカイトの分解物であるPbI_2が緩やかに増加するとともに、447時間後にはδ-$FAPbI_3$とよばれる、発電能力の無い異相が生じていた。本ペロブスカイト太陽電池素子の発電層の主成分である$FAPbI_3$(FA：ホルムアミジニウム；$CH(NH_2)_2$）は発電能力の有する、三次元構造を有するα-$FAPbI_3$相と、その異相である、発電能力のない二次元構造をもつδ-$FAPBI_3$相が存在する。ペロブスカイト材料の三次元構造の安定性は、経験的に、幾何学的な指標であるTolerance Factor(t)[1]が$0.8 < t < 1.0$の場合に安定的に存在できるといわれている。表1にAサイトの種類（イオン半径）とtの関係を示す。$FAPbI_3$はAサイトが大きいため、三次元構造の安定性が低いと考えられる。この問題を解決するため、Aサイトにイオン半径の小さいアルカリ金属（Cs、Rb）を少量添加することで、Aサイトの有効半径を小さくし、三次元構造の安定性を高めることが有効ではないかと考えた。

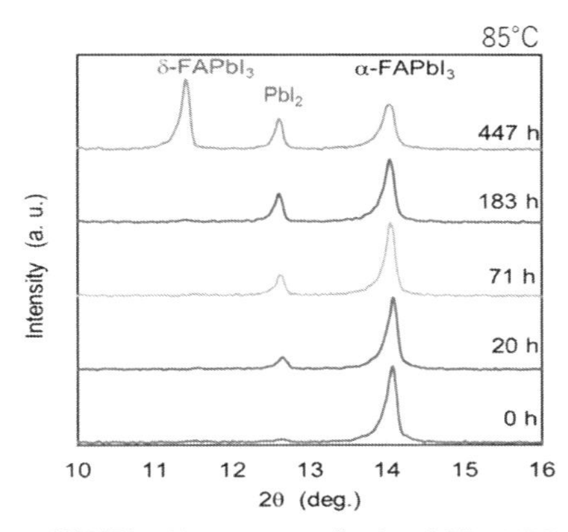

図6　耐熱試験におけるのペロブスカイト膜のXRD分析

表1　Aサイトカチオンのイオン半径とtolerance Factor (t)の関係

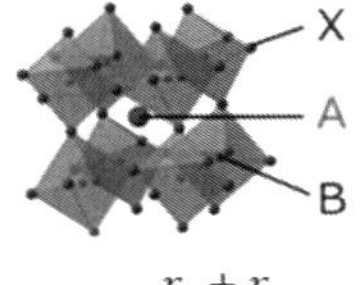

$$t = \frac{r_a + r_x}{\sqrt{2}(r_b + r_x)}$$

A-site cation	Li	Na	K	Rb	Cs	MA	FA
Ionic Radius(pm)	76	102	138	152	167	217	253
Tolerance Factor (t)	0.62	0.67	0.75	0.78	0.81	0.91	0.99

そこで、ペロブスカイトにCsを5％添加し、同様の耐熱試験を実施、XRDによるペロブスカイト層の分析を実施したところ、目論見通り異相であるδ-$FAPbI_3$への相転移は抑制されることが確認できた[2)]。さらに、同じアルカリ金属であるRbを5％添加すると、ペロブスカイトの分解物であるPbI_2の生成が抑制されることも明らかになった。ペロブスカイト材料にRbを添加した場合は、僅かながら$RbPbI_3$に相当するピークが生じることから、ペロブスカイト材料が分解して生じるPbI_2と、ペロブスカイト格子内に取り込まれていないRbが反応することで$RbPbI_3$を形成し、ペロブスカイト材料の分解によって生じるPbI_2の望ましくない結晶成長の速度を低下させていると考えている[3)]。これらCs、Rbをそれぞれ添加したペロブスカイト材料を用いた太陽電池素子を作製し、耐熱試験を実施したところ、耐熱性は大きく改善した（図7)。しかしながら、IEC61215で定められている1,000時間の高温高湿試験に対しては更なる耐熱性向上が必要であった。

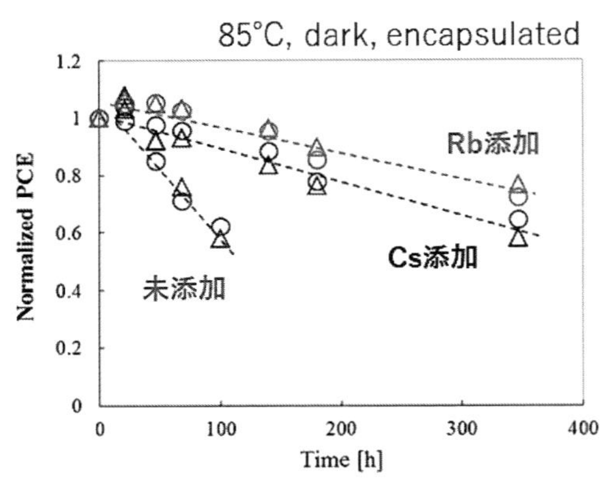

図7　Cs, Rbを添加したペロブスカイト素子の耐熱挙動

更なる耐熱性向上のため、耐熱試験を1,000時間実施した後のサンプルに対して化学分析を実施したところ、ペロブスカイト層内にRbとBrからなる凝集体を確認した。上述の通りRbは耐久性確保に重要である為、Br濃度を減らす方向で組成最適化を実施した。最適化された組成：5％ Cs＋5％ Rb＋（$FA_{0.83}MA_{0.17}$）$Pb(I_{0.95}Br_{0.05})_3$において、85℃耐熱試験3,000時間後の維持率96％および、耐湿性を確保した封止セルにおいて85℃ 85％の高温高湿試験1,000時間後の維持率95％を実現した[4]（図8）。今後は、パッケージを含めた総合的な対候性・強度等の確保に加え、建材としての信頼性（耐風圧、耐震、耐火災など）にも適合するモジュール設計を行う。

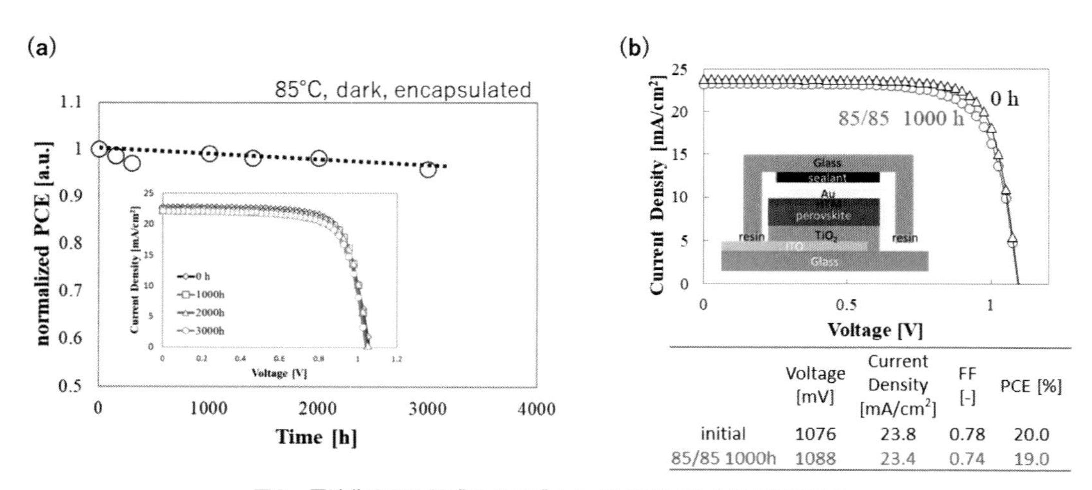

	Voltage [mV]	Current Density [mA/cm²]	FF [-]	PCE [%]
initial	1076	23.8	0.78	20.0
85/85 1000h	1088	23.4	0.74	19.0

図8　最適化された組成のペロブスカイトを用いた太陽電池素子の（a）85℃耐熱試験　（b）85℃ 85％高温高湿試験結果

2. 大面積化に向けた取り組み

ペロブスカイト太陽電池は、ラボレベルの小面積セルにおいては従来広く使われている結晶シリコン太陽電池に匹敵する高い変換効率が達成されている。一方で大面積モジュールにおいては、結晶シリコン太陽電池24.4％（13,177cm^2）に対して、ペロブスカイト太陽電池は17.9％（804cm^2）とその差は依然として大きい[5)]。ペロブスカイト発電層は塗布型で形成される厚さ1μm以下の多結晶薄膜であるため、膜厚の制御に加えて、その結晶性も性能に大きく影響する。そのため、ペロブスカイト溶液の塗布から乾燥までの結晶化工程全てにおいて、非常に均質かつ精密なプロセス制御が必要とされ、大面積化プロセスは非常に重要な開発要素となる。

さらに、建材一体型太陽電池への応用においては、建材用ガラスへ直接塗工するため、建材用ガラスのうねり、凹凸、板厚公差に対応した生産方法が必要となる。また、建材用ガラスは寸法に規格が無く、建築物によって一品一様のサイズ、厚みに対応した生産が必要となる。表2に各種塗工方法の特徴を整理した。当社では、これらの条件を鑑みて、基板—塗工装置間のギャップが大きく、かつ精密塗工や品種切り替えに適したインクジェット塗布を選択し、開発を行っている。また、当社では過去に有機ELディスプレイの開発においてG8（2,160×2,460mm）サイズの基板に対するインクジェットの開発実績を有しており、耐薬品性の高いノズルや精密塗布技術を本開発に活かしている。

表2　各種塗工方法の比較

項目	スピンコート	印刷	ダイコート	インクジェット
設備費	○	○	△	△
材料利用効率	×	△	○	○
維持費	○	△	○	△
膜厚精密制御	○	△	○	○
大型基板対応	×	○	○	○
サイズ自由度	△	△	△	○
凹凸・うねり対応	△	△	×	○

図9（a）にインクジェット塗布で作製した30cm角モジュールの外観を示す。第1項で紹介した高効率・高耐久性を両立する材料組成のペロブスカイト塗工液とインクジェットプロセスを最適化し、受光面積が800cm^{2}を超えるモジュールとしては世界最高の変換効率17.9％を実現した（図9（b）、産業技術総合研究所による認証効率）。今後は、建材ガラスを見据えた1mを超える基板に対応可能な、さらなる大面積化プロセスに加え、様々な建材ガラスに対して安定した性能を実現可能なプロセス技術を開発する。

(a)

(b)

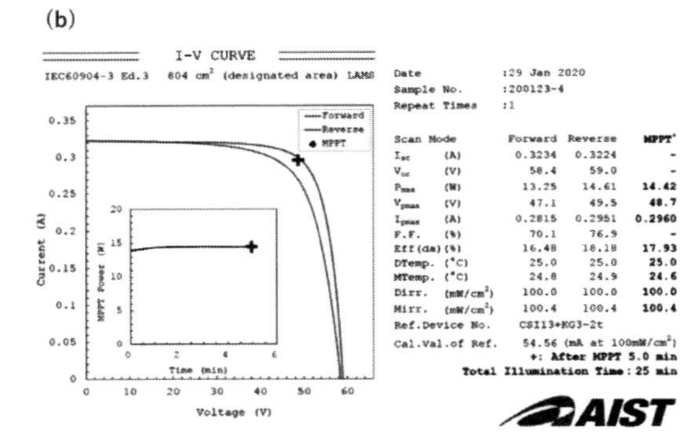

図9　30cm角モジュールの（a）外観　（b）認証変換効率

3.　半透明化に向けた取り組み

建材一体型太陽電池の応用に向けて、太陽電池モジュールに透過性を付与することが出来れば、その適用範囲は大きく広がる。特に、太陽電池の設置場所の制限の大きい、中〜高層ビルにおけるZEB（Net zero energy building）の実現には、ビル壁面への太陽電池設置が必須であり、光透過性のあるガラス建材への透過型太陽電池の導入は重要である。従来広く使われている結晶シリコン太陽電池を用いて半透過型のモジュールを作製するには、①セル間隔を大きくとって、セル間から採光する、②Siウエハを細く加工し、それらを、間隔をあけて配置することで採光する、という手法が用いられているが、①は外観的な問題、②はコストの問題が本格的な普及の妨げになっていると考えられる。また、薄膜シリコン（アモルファスシリコン）を用いた半透過型太陽電池モジュールも開発されているが、アモルファスシリコン太陽電池自身の変換効率が結晶シリコン太陽電池の半分程度であることから、変換効率の低さが問題となっている。薄膜型の太陽電池でありながら変換効率の高いペロブスカイト太陽電池は、これらの問題を一挙に解決できる可能性のある技術であると考えられる（表3）。

表3　各種半透過型太陽電池の比較

項目	結晶Si	薄膜Si	ペロブスカイト
変換効率	○	×	○
コスト	× （半透過加工が 高コスト）	○	○
外観	△ （加工の制限、 タブ線が見える）	○	○

当社では、まず透過性を付与する技術として①ペロブスカイト発電層の薄膜化、②レーザー加工による光透過部の付与（スリット加工）の二種類を検討した。①の場合、ペロブスカイト材料の光吸収係数の関係上、バンド端に近い長波長の赤い光の光吸収係数が小さく、薄膜化することで赤い光の吸収が減り、結果として赤〜黄みがかった色調を有する。建築物では着色のある色調はデザインを限定

させるため望ましくなく、この方法は不採用とした。②の場合は、黒系の色調を保ったまま透過性を付与できるため、この方法を採用した（図10）。図11に透過率を変化させた半透過型モジュールの外観を示す。レーザー加工のプログラムのみによって加工方法を変更できるため、透過率の制御や、グラデーション加工なども非常に容易である。しかしながら、スリット加工幅を細くすればするほど、視認性は向上する一方で、太陽電池素子への加工ダメージや生産速度への影響があるため、建築業界のメーカーと連携、実証等を通じ、製品として必要な加工スリット幅を決定していく。

今後は、半透過加工したモジュールの性能確保とともに、将来的には、透過によって下がる変換効率を補うため、ペロブスカイト・タンデム太陽電池を適用することで、透過型でない通常の太陽電池モジュールと同等の発電能力を目指した開発も行っている。

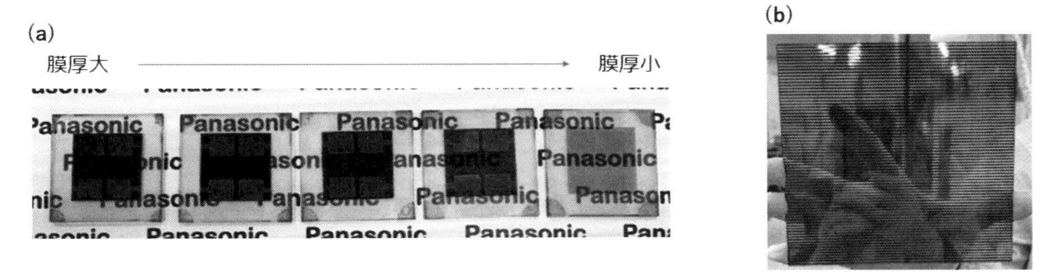

図10　(a) 膜厚制御による　(b) レーザー加工による透過性を付与したペロブスカイト膜

図11　30cm角半透過モジュールの外観

おわりに

ペロブスカイト太陽電池の実用化に向けて、ラボレベルの要素技術は十分に進められており、多くの報告がある一方で、実用製品を見据えた形態におけるプロセスや信頼性の確保が、今後の重要な開発課題であると考えられる。特に、塗布型で高効率なペロブスカイト太陽電池は様々なアプリケーションが期待されており、今後はアプリケーションに応じた様々な規格や制約条件を満たした上で、性能を維持していく開発が求められる。特に、建材一体型太陽電池においては、太陽電池としての機能に加えて、建材としての機能、およびそれらをつなぐ配線も含めた全体のシステム設計が必須である。今後はさらに、それぞれの専門家との連携を密に開発を行うことで、早期実用化を目指していきたい。

謝辞

本研究は国立研究開発法人新エネルギー・産業技術総合開発機構（NEDO）の委託を受け実施したものであり、関係各位に感謝いたします。

参考文献

1）Goldschmidt, Victor M. Die Naturwissenschaften 21, 477–485(1926)

2）M. Saliba, T. Matsui, et.al. Energy & Environmental Science 9 (6), 1989-1997(2016)

3）T. Matsui et. al. Chemistry Letters, 47, 814-816(2018)

4）T. Matsui et. al. Advanced Materials, 31, 1806823(2019)

5）M. A. Green et. al. Progress in Photovoltaics, 31, 1, 3-16(2022)

第2章　ペロブスカイト太陽電池の実用化と応用展開

第3節　IoT機器・センサー用の電源モジュールとしてのペロブスカイト太陽電池開発

ホシデン株式会社　滝川　満

はじめに

現在、世界中で地球温暖化対策が議論されている。その原因とされているのが、化石燃料を燃焼させる際に発生するCO_2であり、内燃機関エンジンと共に、火力発電が元凶とされている。この原因に対する対策として、有効とされているものの一つが、再生エネルギーへの転換である。中でも太陽光発電に対する期待は大きく、シリコンソーラーパネルの設置が進んでいる。一方で、シリコンにはいくつかの問題がある。一つはシリコンが、採掘地域に偏りがあるケイ素を含んだ鉱物資源に依存しているというカントリーリスク、もう一つが1,000℃を超える溶解炉でシリコンウェハーが作られるため、生産時に莫大なエネルギーを消耗しており、本末転倒であるということである。

そういう中、本章で紹介されるペロブスカイト太陽電池は、前述の問題を解決しうる、真の環境対策を実現した次世代太陽電池の本命となる可能性を秘めている。そして小型電気機器等へのデバイス供給を主たるビジネスとしてきた当社は、IoT機器等のエナジーハーベスト向けとして早期事業化に大きな可能性を感じている。

本節においては、ペロブスカイト太陽電池の特徴と共に、当社が想定している、電源モジュールの構想について、紹介したいと考えている。

1.　太陽電池について

太陽電池は、本来、光を電気に変換する光電変換デバイスととらえるべきである。通常、電池というと電気を蓄えられると考えられるが、太陽電池は照射された光を随時電気に変換しているだけである。

過去から、様々な物質で、光を照射すると電気を発生させるという現象が発見されてきた。と同時に逆に物質に電気を印加すると発光するという現象も発見されている。これがそのまま自発光ディスプレイの原理となっている。図1に光電変換素子の概念について示す。

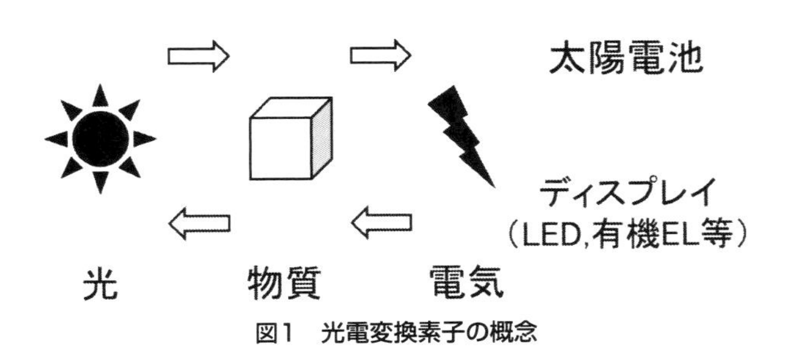

図1　光電変換素子の概念

ディスプレイに使われる材料、製造工程、製品の性能や寿命などの特徴は、太陽電池のそれと非常に似通っている。それは決して偶然ではなく、同じ光電変換デバイスであると考えれば必然と言える。そのため、ディスプレイに関連する事業に多数携わってきた当社にとって、太陽電池は極めて親和性の高い製品であると言える。

現在、太陽電池は再生可能エネルギーとしてのソーラー発電用途が大きなターゲットとなっている。現在の火力発電等に置き換えるためには、莫大な発電量が必要であるが、その発電効率を上げるには技術的な限界があるため、おのずと質より量、つまり設置面積を拡げることで対処せざるを得ない。そして、面積を拡げるためには、大型かつ低コストの太陽電池パネルを大量に用意しなければならない。

代表的な太陽電池の種類について図2に示す。

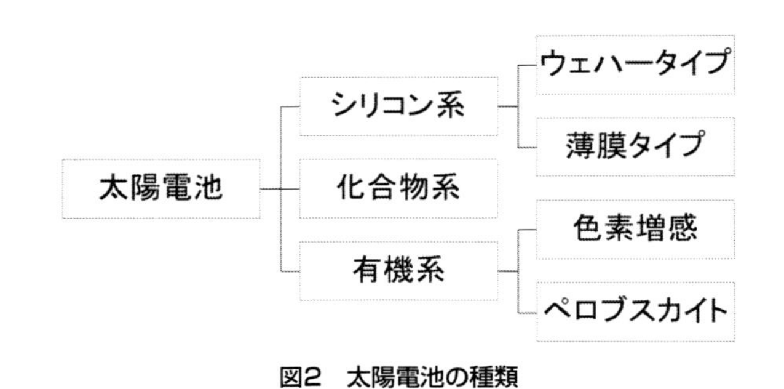

図2　太陽電池の種類

ディスプレイ業界でも、大型化、低コスト化、大量供給の課題があったが、それらを解決するため、ディスプレイを取り出すためのマザーガラスを巨大化させることが世界的な競争となった。○世代と呼ばれる巨大なマザーガラスに対応する着膜、パターニングのプロセス開発が進められた結果、設備投資が莫大なものとなってしまい、参入障壁が大幅に高まり、企業の離合集散を促す結果となってしまった。

太陽電池は結晶シリコンウェハーを発電層としたもので量産が開始されたが、大型化、低コスト化、大量供給の課題を解決するのは困難と予測されたため、日系メーカーはディスプレイで培った得意な薄膜技術から、薄膜シリコンや、他の化合物材料を用いた太陽光パネルでチャレンジした。しかし次第に海外のシリコンウェハーの物量作戦に耐えきれぬようになり、ディスプレイ業界と同様、事業そのものから撤退もしくは縮小せざるを得ない状況となってしまった。

これらから言えるのは、ソーラー発電というマスマーケットについては、政治的・経済的環境要素が大きいのと、ソーラーパネル生産のための設備投資を含めた資金負担が大きいため、非常にリスクの高い事業であるということである。

しかしながらディスプレイ関連技術の応用からすると、太陽電池は相変わらず魅力的なデバイスである。無機系でのリスクを鑑みつつ、当社も10数年前から有機系の動向を継続して調査を行っていたが、業界では色素増感型の研究が盛んに行われていた。ディスプレイ関連技術をベースに、大学の支援を仰ぎながら、研究開発を行い、サンプルも試作していたが、その発電効率の限界から用途が限られていたため、事業化については断念した。

その後、横浜桐蔭大学の宮坂力教授が無機・有機のハイブリッド構造と言われる、ペロブスカイト構造を光電変換素子に応用した、ペロブスカイト太陽電池を発表、色々な研究機関から発電効率の改善が報告され、次世代型太陽電池として、一気に期待が高まった。このペロブスカイト太陽電池はシリコン系と同等近い発電効率を得ながら、シリコン系の課題を解決しうる技術である。まず材料が鉱物資源に依らず、カントリーリスクがないこと、そして構造が簡単で、印刷技術の活用で製造工程が構築できるため省電力が実現できること、そして、資金負担が少なく、リスクが大幅に軽減されること、である。そのような背景から当社としてペロブスカイト太陽電池の事業化について検討を開始した。

2. ペロブスカイト太陽電池の特徴

ペロブスカイトとは、ロシア人科学者レフ・ペロフスキー氏がウラル鉱脈より見つけた灰チタン石という鉱物であり、氏にちなんで、名づけられた。それと同じ結晶構造を持つものをペロブスカイト構造と呼ぶ。立方体構造を組み合わせた、有機と無機のハイブリッド構造と言えるが、有機系の一種にカテゴライズされている。図3にペロブスカイト構造を示す。

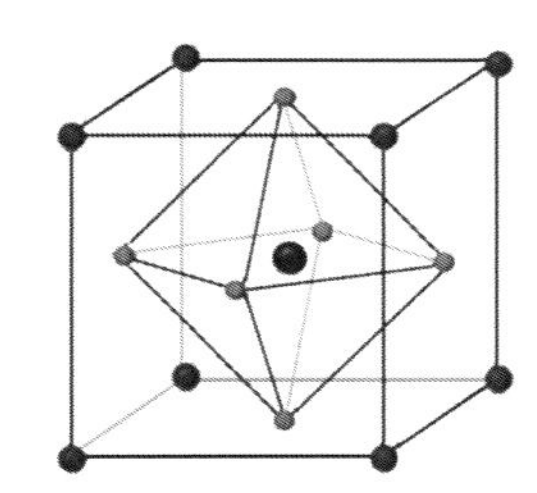

● A　立方体の頂点　1/8 × 8 = 1
● B　立方体の中心　1
● X　立方体の面　1/2 × 6 = 3

組成式ABX_3（例：$CH_3NH_3PbI_3$）

図3　ペロブスカイト構造

このペロブスカイト構造の物質を発電層とする太陽電池が検討された。具体的には、ペロブスカイト構造半導体を、p型、n型半導体でサンドイッチし、その両極に電極を取り付け、ペロブスカイト層で発電された電荷を取り出すというものである。この結果、デバイスとしては、以下の特徴が得られた。

①高い発電効率
②超薄膜構造（ナノオーダー）
③低温プロセスで製造可能

つまり、シリコン系と同等以上の発電効率ながら、②③の特徴から基板にガラス、あるいはPET等のフィルムを使うことができる。

シリコン系は、薄くすることに限界があり、重量がかさばり、また曲げられないため、取り付けられる場所に制限があるが、ペロブスカイトでは、非常に軽量で、フレキシブルな構造が可能となるため、今までシリコン系では取り付けることが出来なかった場所への設置が可能となる。例えばビルの窓ガラスに貼り付ける、電気自動車の充電用カーポートの屋根や農業用テントに貼り付ける等、色々とユニークな使い方が提案されていている。取付場所が増えることにより、発電面積が拡げられるため、現在主流のシリコン系に代わる次世代型太陽電池の本命と言われるようになった。表1にシリコン系の太陽電池との比較を示す。

表1　シリコン系太陽電池との比較

	ウェハーシリコン	薄膜シリコン	ペロブスカイト
発電性能（高照度）	◎ 20%超	△ 10%程度	◎ 20%超
発電性能（低照度）	× 殆ど発電しない	○ 発電する	◎ 効率良く発電する
重量	× 重い	◎ 軽い	◎ 軽い
薄さ（発電層）	△ 数百μmオーダー	◎ 数μmオーダー	◎ 数μmオーダー
柔軟さ	× ない	△ ある程度可能	○ フィルムで可能
製造プロセス	数1000℃	200～300℃	150℃以下
原料・生産コスト	○ 量産効果で安い	△ ある程度安い	○ 安くなる可能性大
輸送・設置コスト	△ ある程度安い	△ ある程度安い	○ 軽いので安い

当社は勿論屋外太陽光発電の可能性について大きく評価している。しかし前項で述べたように、屋外用途では、大型でかつ大量生産しなければならず、マザーガラスや原反を大きくする必要があり、そのためのプロセス開発が必須となってくる。これは材料設計や、性能向上とは、また別の次元の開発が必要となる。また水分や温度等に対する耐候性、長期使用への耐久性等を構造上クリアーしなければならない。

このペロブスカイト発電層の特徴の一つが超薄膜であるということは既に述べたが、一方で超薄膜を大きな面積に均一な状態で塗布することは、中々困難な事であり、またパーティクルや塗布時のコンディション不良による、ピンホールや膜厚ムラ等が予想され、これらの不具合が性能や信頼性等にどのような影響を与えるか、ディスプレイの生産を経験した我々にとっては、非常に大きな苦労が伴うであろうことは、容易に想像できる。そのため、いきなり大きなサイズで屋外用途を狙うのではなく、まず小型のものでかつ耐候性や耐久性等の要求が比較的緩い屋内用途で生産を開始し、量産での問題点を検証しながら、改善を進め、将来的に屋外向け大型化に移行していくのが現実的ではないかと考えている。

ウェハーシリコンは、単結晶もしくは多結晶シリコンであるが、これらは、バンドギャップが比較的小さいため、赤外線を含んだ幅広い波長の光を吸収することができる。屋外用途では、直接太陽光から赤外線を含む広い範囲の波長を吸収するため、高い変換効率を実現し、シェアを伸ばすことが出来た。一方、屋内では、照明は基本的に可視光領域の波長のみとなっており、赤外線は含んでいない。そのため、屋内で使用される場合、バンドギャップの大きいアモルファスシリコンが、十分高い変換効率を得られ、しかも薄膜プロセスで安価に作れるため、採用されるケースが多い。

ペロブスカイト太陽電池のもう一つの大きな特徴が材料の組み合わせにより吸収波長が任意に設計でき、可視光領域の波長に高い吸収特性を得ることができる。図4にアモルファスシリコン、結晶シリコン、ペロブスカイトの分光感度特性を示す。このように、開発されたペロブスカイトは、アモルファスシリコンや結晶シリコンに比べ、可視光領域に効率よく、感度を持つ特性が得られている。

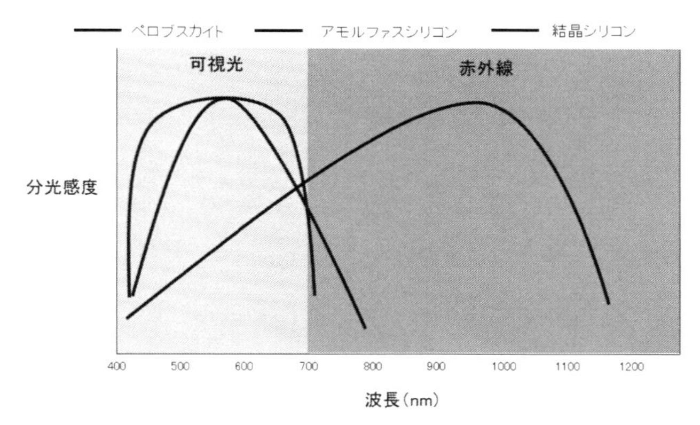

図4　分光感度比較

最近、屋内使用を基本とした、携帯機器やIoTセンサー等に、太陽電池が採用されている例が増えてきている。我々のなじみの深い電卓等には、アモルファスシリコン薄膜太陽電池が搭載されている。また最近では色素増感型太陽電池も搭載されているケースがある。いくつかの市販されている製品から使われている太陽電池を取り出し、LED照明を使って、各照度における最大出力密度の測定を行った。これは各太陽電池のセルサイズが異なるため、各電極の単位面積当たりで、どれだけの出力（電圧×電流）が測定したものである。照度ごとに、太陽電池の評価で一般的に用いられている、電流―電圧測定より、最大電力を算出し、それをグラフ化したものを図5に示す。なお照度の目安であるが、うす暗い部屋で100 lx、オフィス等では500 lx程度、スタジアムが3,000 lx程度と言われている。

市販a-Si（アモルファスシリコン）は照度が上がると、線形が維持されず出力が下がる傾向がみられた。市販a-Siに比べ、市販色素増感型が大きく特性が改善されているが、それにもましてペロブスカイトは照度が上がっても、高い出力が線形的に維持されている。これらは市販品を当社で任意にピックアップしたものであり、あくまで参考データにすぎないが、ペロブスカイトが屋内用途で高いポテンシャルを持っている事が示唆される。

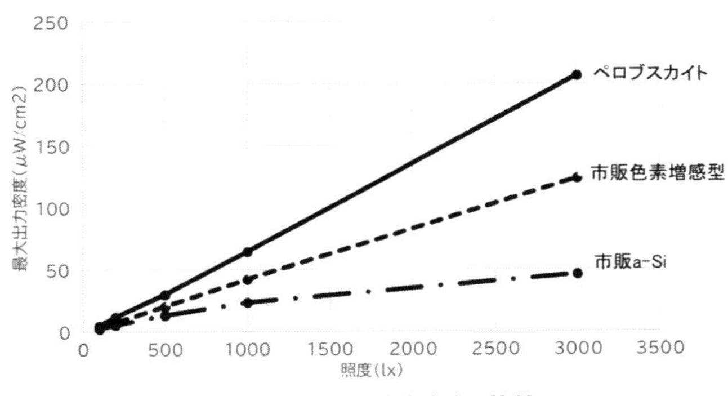

図5　照度別最大出力密度の比較

3. 事業パートナーについて

当社は、大阪府八尾市にある、東証プライム市場に上場している電子部品メーカーである。当社の概要について、表2に示す。当社の主力製品は、コネクターやスイッチなどの機構部品、スピーカーやマイク等の音響部品、そして液晶ディスプレイやタッチセンサー等のディスプレイ部品である。そしてこれらの部品単独だけでなく、外部購入部品を組み合わせた、完成品あるいは半完成品モジュールを、ゲーム機、携帯機器、自動車等様々なグローバル市場向けに供給している。

表2　ホシデン株式会社の概要

社　名	ホシデン株式会社
設　立	1950年9月14日（創立70年）
所在地	大阪府 八尾市 北久宝寺 1-4-33
資本金	136億6,000万円
連結売上高	2,334億円（2020年度） 2,076億円（2021年度）

従業員数	本社　590名 グループ　10,000名
製造拠点	国内　6地点 海外　7地点｜アジア6、欧州1
営業拠点	国内　4地点 海外　13地点｜アジア8、米国3、欧州2
上場証券取引所	東証プライム上場

当社は研究開発や製品開発は基本的に自社で行っているが、市場の要求はより高度になってきており、自社単独で独自性の高いものを開発していくことは、時間やコストがかかる。そのため、オープンイノベーションを積極的に活用している。

ペロブスカイト太陽電池への参入を検討して以降、京都大学発のスタートアップ企業であるエネコートテクロノジーズ社が非常に高いポテンシャルを持っていることが分かり、パートナーとしての調査を行った。京都大学の若宮教授率いる研究室が材料開発を行い、エネコートテクロノジーズ社が実用化に向けた製品・プロセス開発を行っている。当社はエネコートテクノロジーズ社と協議を重ね、また開発したサンプルの評価を行い、実用化に向け高い可能性を持っていることを確認した。そして2022年3月にエネコートテクロノジーズ社が行った増資に、事業会社として応じ、出資を行った。今後は、事業パートナーとして関係を構築し、当社が持つインフラ、生産設備を活用し、量産化に向け協業していくことを予定している。

4. ペロブスカイト太陽電池の応用

当社はペロブスカイト太陽電池への事業参入意向を公表して以降、様々な顧客から問い合わせがあった。大半は、屋外での太陽光発電を想定したものであったが、IoTセンサーや携帯端末機器の電源として検討したいとの引き合いもいただいた。IoTセンサーに、太陽電池を組み合わせれば、電源もしくは電池が不要となるため、設置場所に制限がなく、またメンテナンスフリーとなるため、用途が非常に拡がる。また携帯端末機器では乾電池を電源としているが、太陽電池を組み込めば、電池切れの心配もなく、また乾電池の処分も不要となり、環境対策となる。

アモルファスシリコンや色素増感型で既にそのような電源として活用されているが、ペロブスカイト太陽電池に注目される理由として、出力電圧が高く、また電流も高いため、効率が良く、また設置面積が減らせる、昇圧回路が簡素化できる等が上げられる。特にセンサーやマイコンを動作させるのに、出力電圧が高いのは大きなメリットである。そしてもう一つ上げられるのが、テーマの新しさ、である。特に環境対策が叫ばれる中、商品に対する印象をよくしたいため、少々高くても是非採用検討したい、との顧客もあった。それだけ、ペロブスカイト太陽電池の先進性のイメージが高いということである。

但し、ペロブスカイト太陽電池は、光源がない場合、電力を出力しないので機器としてはその間電源オフとなってしまう。そのため、ハイブリッドエンジンのように、ペロブスカイト太陽電池が動いている間は、電力を出力し機器を動作させつつ、余剰電力を二次電池に蓄電し、光源が無くペロブスカイト太陽電池が出力しないときは、二次電池を電源とする構造が必要となる。

ただ単にペロブスカイト太陽電池のデバイスを顧客に渡すだけでは、顧客の方でも取り扱いが難しく、前述のような構造を持つモジュールとして提供しなければ、使い勝手が悪いことが分かった。当社はスマートフォンの充電器もOEM向けに製品化しており、ペロブスカイト太陽電池デバイス単体だけでなく、これを主電源とした電源モジュールとして製品化することを検討している。そのモジュール電源のブロック図を図6に示す。このモジュールの特徴として、ペロブスカイト太陽電池から電力を取り出す際、最も効率の良い電力を取り出し（MPPC機能：Maximum Power Point Control）、その電力を二次電池（バッテリー）に充電しつつ、昇降圧DCDCコンバータを搭載しIoTセンサーや無線MCUが必要な電圧に出力を調整する機能を有していることである。これにより、IoTセンサーで取得した情報を、BLEにより、外部へ通信するモジュールが無給電で出来る。

これはあくまでIoTセンサーのためのモジュールの一例であり、想定される機器に合わせ、色々と応用できるものである。当社としては、将来的に大型の屋外用途の太陽光発電用を想定しつつ、早期にキャッシュアウトできる用途として、低照度屋内での高出力ができる特徴を活かし、IoT機器や携帯端末機器用途として、まず早期に事業化したいと考えている。

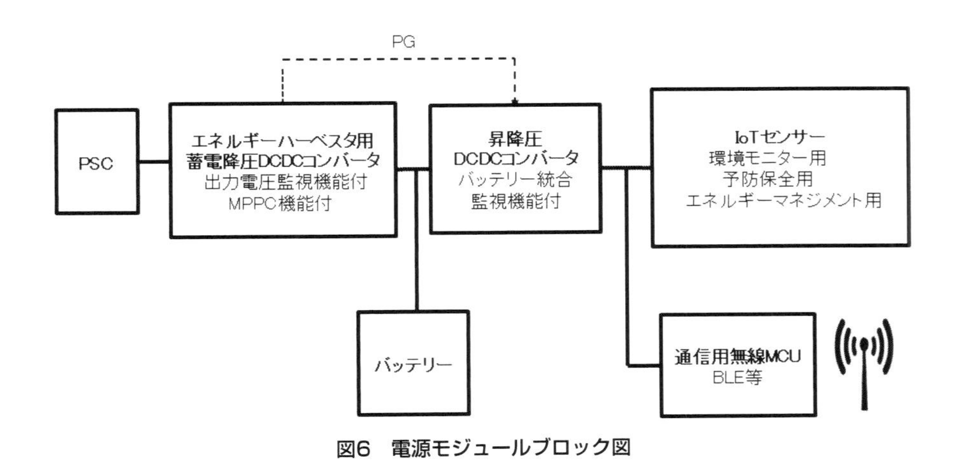

図6　電源モジュールブロック図

おわりに

地球温暖化対策として推進されるシリコン系太陽電池が持つ、鉱物資源の採掘、精製時の莫大なエネルギー消費という、地球環境に対する課題を解決するペロブスカイト太陽電池は、真の環境対策を実現した次世代太陽電池の本命である。

性能では、シリコン系と同等以上が期待され、その置き換えとして屋外発電用途を中長期的な目標として進めていくが、大型化、耐久性など、依然解決すべき課題が残っている。

一方で、その特徴から屋内用途では高い変換効率を示し、かつ小型で民生であれば、それらの課題もハードルが低くなるため、ユーザーの使いやすいように、電源モジュールとして提供し、用途開発を行い、早急なる量産化、実用化を目指し、積極的に顧客へ提案していく所存である。

第2章　ペロブスカイト太陽電池の実用化と応用展開

第4節　ペロブスカイト太陽電池の製膜技術と宇宙応用

株式会社リコー　山本　智史・田中　裕二

はじめに

株式会社リコーでは、基幹事業である複写機に用いられる有機感光体（Organic Photoconductor）開発で培った光電変換材料技術を応用した新規事業創出に取り組んでいる。新規事業創出を通じて、持続可能な開発目標（SDGs）の「7：エネルギーをみんなに　そしてクリーンに」「9：産業と技術革新の基盤をつくろう」「11：住み続けられるまちづくりを」「13：気候変動に具体的な対策を」「17：パートナーシップで目標を達成しよう」の５つ目標に貢献することを目指している。これらの目標達成のため、環境発電技術（エネルギーハーベスティングテクノロジー）の開発に取り組んでいる。エネルギーハーベスティングテクノロジーとは、光（太陽光、室内光）・熱・振動等の未利用エネルギーを収穫（ハーベスティング）し、電力を得る技術のことである。新たな市場創出の期待が高まるモノのインターネット（Internet of Things：IoT）社会に向けて、エネルギーの地産地消システムに即した光環境発電素子の製品化を進めている。

環境発電デバイスとして、リコーでは次世代型太陽電池と期待されている図１に示す3種類の有機系太陽電池の開発を行っている。有機系太陽電池の特徴としては、耐久性や太陽光での発電力に課題はあるが、製造コストが低く、室内光のような低照度に対する発電力が高いことが挙げられる。先行して開発を行っている色素増感太陽電池（DSSC）や有機薄膜太陽電池（OPV）で培った有機半導体技術やモジュール化技術、封止技術を生かしてペロブスカイト太陽電池の開発も行っている。

本稿では、現在、宇宙用途も見据えて開発を進めているペロブスカイト太陽電池について、弊社での地上用途における実用化に向けた取り組みと宇宙航空研究開発機構（JAXA）らと共同の宇宙実証実験に向けた耐久性試験の結果について紹介する。

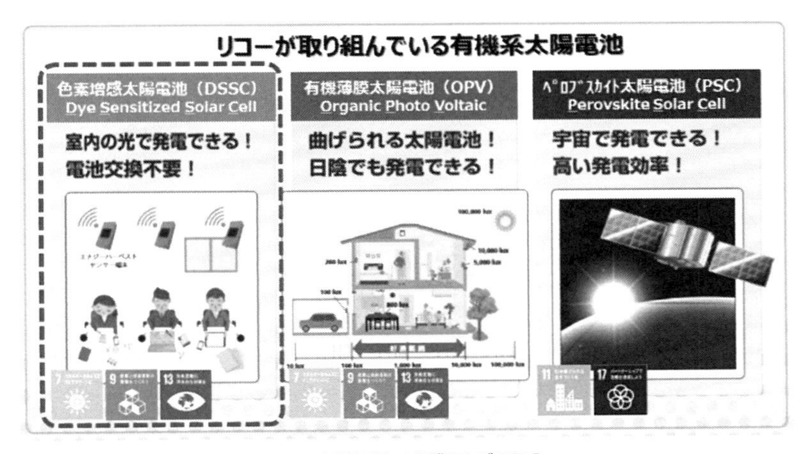

図１　太陽電池の種類及びSDGs

1. ペロブスカイト太陽電池の製膜技術

ペロブスカイト太陽電池は、2009年に桐蔭横浜大学 宮坂力教授らが$CH_3NH_3PbX_3$(X＝Br and I)からなるペロブスカイト材料を光電変換材料として用いた太陽電池を発見したことにより研究が始まった[1)]。その後、急速に変換効率が向上し、直近では20％を超える変換効率が次々と報告されている[2-4)]。また、ペロブスカイト太陽電池は、プラスティックなどのフレキシブル基板でも製造可能で、軽量化かつ低コスト化が可能であるため次世代の太陽電池として期待されている。このような観点から、大学による学術的な研究のみならず、企業においても実用化に向けた開発も始められている。本稿では、弊社のペロブスカイト製膜技術やモジュール化技術について報告する。

1.1 ペロブスカイト太陽電池の1ステップ法を用いた製膜技術

ペロブスカイト膜のスピンコート法を用いた製膜方法としては、一般的に1ステップ法・2ステップ法・貧溶媒法の3つが知られている。これらの製膜方法のなかで、貧溶媒法が高い変換効率が多く報告されている[5)]。しかしながら、貧溶媒法はスピンコート最中に基板上に貧溶媒を滴下させる方法であるため、コントロールが難しく大面積化が難しい手法である。そこで、弊社では特性バラつきの小さい製品化のために、簡便で大面積化可能な貧溶媒法を用いない1ステップ法によるスピンコート製膜の検討を行った。

まず、予備検討として、比較的一般的なメチルアミン、ホルムアミジン、セシウムからなるトリプルカチオンペロブスカイト膜を貧溶媒法と1ステップ法のそれぞれで製膜した膜におけるUV-Visスペクトル測定を実施した(図2a)。その結果、400～600nmの範囲の吸光度に大きな違いが観測された。これは、1ステップ法で作製したトリプルカチオンペロブスカイト膜は、粗大結晶が多く膜の均一性が悪いため、膜としての吸光度が小さくなったと考えられる。一方で、貧溶媒法で作製した膜の場合、均一な結晶粒が密に寄り集まった膜となっているため、吸光度が高い膜となっていると考察した。これらの結果から、ペロブスカイト膜のUV-Visスペクトル測定により簡便に結晶性の評価ができることを確認した。

貧溶媒法を用いない1ステップ法において、良好な結晶のペロブスカイト膜を作るため、ペロブスカイト前駆体材料の組成・添加剤・溶媒を多種多様な組み合わせの検討を行った。検討の中でトリプルカチオンを用いたペロブスカイト膜や一般的な溶媒を用いて製膜した場合、図2bに示すように多くの条件において、400～600nmの領域の吸光度が低く、光電変換特性が期待できない膜質となってしまうことが明らかとなった（図2b 条件B-I)。一方で、ダブルカチオンペロブスカイトで特定の溶媒を用いた条件Aの場合においてのみ、貧溶媒法を用いなくても、特異的に良好なUV-Visスペクトル特性を示す膜が得られた。これらの結果から、ペロブスカイト前駆体溶液に用いる溶媒やカチオン成分の組み合わせにより、結晶の核生成や核成長速度を調整することが可能となり、貧溶媒法を用いなくても良好な光吸収特性を有するペロブスカイト膜の作成する手法を見出した。

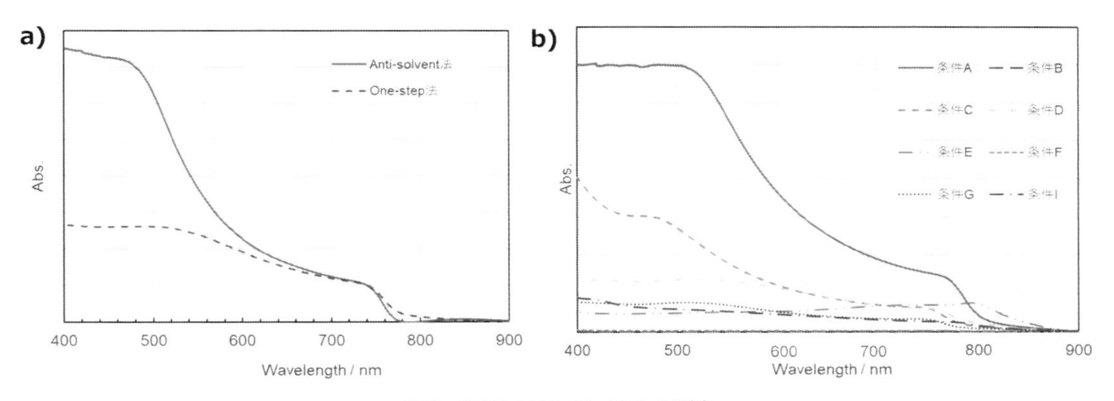

図2　膜のUV-Visスペクトル測定
a）トリプルカチオンペロブスカイト膜　b）ダブルカチオンペロブスカイト膜

1.2　モジュール化技術検討

モジュール化技術については、弊社で既に上市済みである固体型DSSCで蓄積されたレーザー加工技術を応用して検討した。上記のとおり貧溶媒法を用いない新1ステップ法によるスピンコート製膜であるため、比較的大きな基板に対しても面内のバラツキが小さく、均一に塗布することが可能であると考えた。そこで、図3aに示すように100mm角ガラス基板上に17mm×19mmサイズの3セル直列モジュール(発電面積:1.3 cm^2)を9枚多面取りできるレーザー加工デザインを作製し、ミニモジュール作成を検討した。

ペロブスカイト太陽電池は、ITO/SnO_2/ダブルカチオンペロブスカイト/HTL/Auの構成で作製した。Air mass（AM）1.5の疑似太陽光（1SUN）下で太陽電池特性を評価した結果を図3b、表1に示した。9枚のミニモジュールのなかで最も1SUN下の太陽電池特性が良かったモジュールの1セル当たりの電流密度（J_{SC}）は、22.0 mA/cm^2、開放電圧（V_{OC}）は1.14V、フィルファクター（FF）は0.74であり、18.6%の変換効率（PCE）が得られた。また、9枚のミニモジュールのそれぞれの1 SUNにおける太陽電池特性を表1に示すように最大値は18.6%であり、最小値は17.6%、平均値は18.2%であった。また、表1のモジュールNoは図3aの番号と対応しており、中央のモジュールと角のモジュールの変換効率を比べても差がないことから、場所依存性も小さいことが明らかとなった。これらの結果から、ペロブスカイト膜は面内で非常に均一に製膜できていることが示唆された。続いて、低中照度での太陽電池特性を評価するために、照度を1SUNから0.8、0.5、0.25、0.1、0.05SUNへ調整し、それぞれの照度における太陽電池特性を評価した（図3c)。0.25SUNまでは17%を超える変換効率を維持しており、0.05SUNにおいても16.4%変換効率が得られた。照度が低くなっても良好な太陽電池特性を維持していることから、漏れ電流を抑えることができており、高い並列抵抗が得られていることが示唆される。

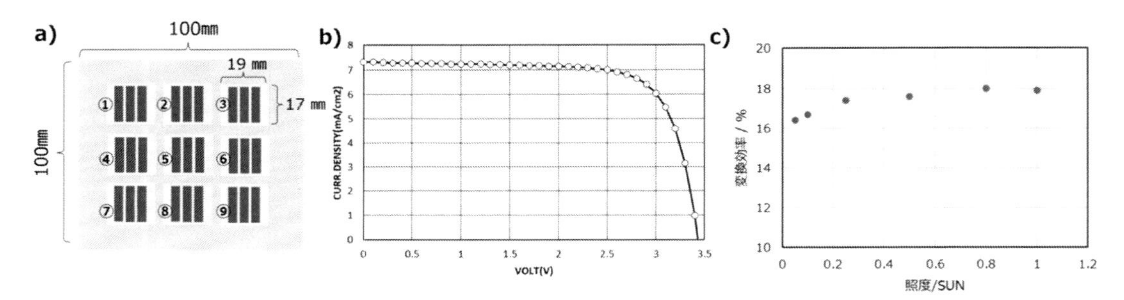

図3　a）モジュール作製概要図　b）1SUN太陽電池特性　c）照度依存性

表1　100mm角基板から切り出した9枚のミニモジュールの単セル当たりの1SUNにおける太陽電池特性

モジュールNo	J_{SC}	V_{OC}	FF	PCE
	mA/cm^2	V	-	%
①	21.3	1.14	0.73	17.6
②	21.6	1.14	0.73	17.9
③	21.7	1.15	0.72	17.8
④	22.5	1.14	0.72	18.4
⑤	21.6	1.14	0.74	18.2
⑥	22.0	1.14	0.74	18.6
⑦	21.8	1.14	0.74	18.4
⑧	21.7	1.14	0.74	18.4
⑨	21.4	1.14	0.72	17.7

ミニモジュールの結果から、100mm角基板における膜の均一性が非常に高いことが示唆されたことから、さらに大きなサイズのモジュールとして80mm×80mmサイズ（8080サイズ）のモジュール作成を検討した。8080サイズのモジュール作成においては、直列セル数を10セル、12セル、14セルと変化させることで、セル幅による影響の検討も行った。表2に示すように10セル直列の8080サイズモジュールは16.0％の変換効率を示し、上記のミニモジュールの性能と比較すると、FFが0.65と低くなっていることがわかる。10セル直列の場合、一つのセル幅が6.3mmとなり、ITO（5Ω）内の電荷が通る距離が比較的長いため、途中で失活しFFが低下したと考えた。そこで、セル数を12、14セルと増加することで、セル幅を5.1mm、4.2mmと狭める検討を行った。その結果、14セル直列モジュールでは、FFが0.72まで改善し、変換効率としては17.5％を達成した。一方で、太陽電池出力（Pmax）は、セル数が増えると減少し、765mWになってしまった。これは、セル数が増えると分割線などのレーザー加工が増えるため発電面積が減少したためである。製品価値の観点からするとPmaxを最大化するモジュールデザインにする必要があるため、変換効率と発電面積のバランスが重要となる。

表2　8080サイズモジュールの単セル当たりの太陽電池特性

サイズ	発電面積 cm^2	J_{SC} mA/cm^2	V_{OC} V	FF	PCE %	Pmax mW
8080-10	47.9	21.2	1.15	0.65	16.0	807
8080-12	46.5	21.3	1.15	0.69	16.9	808
8080-14	44.7	21.3	1.14	0.72	17.5	765

1.3　ペロブスカイト太陽電池の耐久性検証

前述のミニモジュールに関して、耐久性試験を実施した。耐久性試験としては、85℃ 85% RH高温高湿試験、1SUNの照度における耐光性試験、85℃耐熱性試験を実施した。ミニモジュールの構成は、上記と同様の構成（ITO/SnO_2/ダブルカチオンペロブスカイト/HTL/Au）で作製し、封止は協業メーカー開発品の加圧粘着剤/Al-PETフィルムを用いて行った。

図4に示すように、500時間後においても、いずれの試験においても初期出力の80%以上の維持率をキープしていることから、今回作成したミニモジュールに関しては、比較的良好な耐光性・耐熱性・耐高温高湿性を有していることが明らかとなった。今後は、サイズ依存性や封止線幅の最適化を実施する予定である。

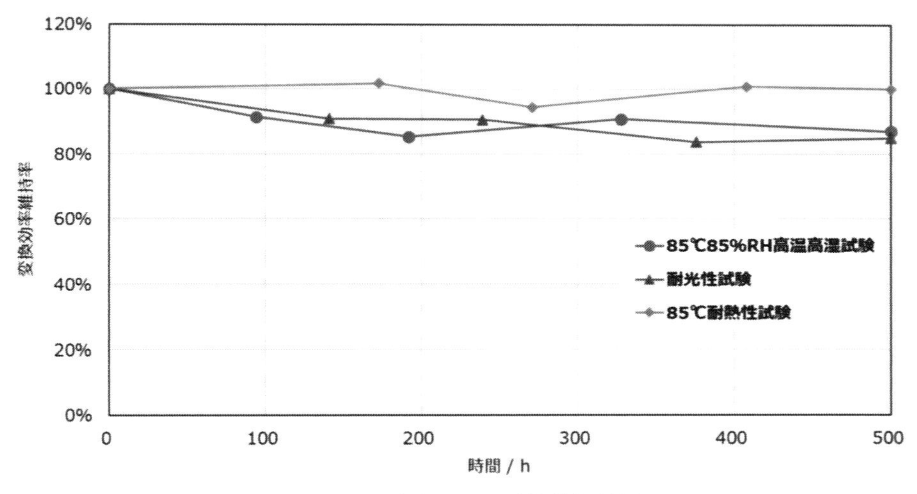

図4　耐久性試験における変換効率維持率

2.　ペロブスカイト太陽電池の宇宙応用

ペロブスカイト太陽電池は、フレキシブル基板上にも製膜することができるため、重量当たりの発電力が高い。そのため、宇宙用途の発電デバイスとしても期待されている。さらに近年の研究結果から、ペロブスカイト太陽電池は高い放射線耐性を有することを示唆する研究結果も報告されており[6-8]、ますます次世代の宇宙用発電デバイスとして注目されている。リコーは、2017年から桐蔭横浜大学宮坂力 特任教授を中心とした産学連携研究開発グループにより、国立研究開発法人宇宙航空研究開発機構（JAXA）が主催する宇宙探査イノベーションハブ「太陽系フロンティア開拓による人類の生存圏・活動領域拡大に向けたオープンイノベーションハブ」における共同研究プロジェクト（RFP3）に参画してきた。具体的には、宇宙でも高い耐久性を有するペロブスカイト太陽電池の開発に取り組んできた。今回は、このプロジェクトの中で得られた宇宙実証実験に向けた耐久性試験結果について紹介する。

2.1　宇宙実証実験の概要

本プロジェクトにおいて予定しているペロブスカイト太陽電池の宇宙実証実験は、JAXAが開発中の新型宇宙ステーション補給機（HTV-X）初号機において実施される。HTV-Xは国際宇宙ステーションへ物資を輸送した後、宇宙での技術実証のためのプラットフォームとして活用できるフェーズが計画されている。この技術実証フェーズの中で、ペロブスカイト太陽電池の宇宙実証実験としては、宇宙空間に太陽電池を約3か月間暴露し、電流－電圧（I-V）特性を取得し評価を行うことを計画している。

2.2　宇宙実証実験に向けた耐久性試験

宇宙空間は地球上の環境と比較して、太陽電池が晒される環境が極めて過酷な環境となる。例えば、宇宙空間で太陽光が当たる場所においては温度が＋100℃程度まで上昇するが、太陽光が当たらない場所では、－100℃まで温度が下がる。また、宇宙空間は10^{-6}Pa以下の高真空環境であり、放射線量も多く、入射する太陽光はAM0であるため多くの紫外線を含む。このような過酷な宇宙空間にも耐えうるペロブスカイト太陽電池の実用化が求められている。

ペロブスカイト太陽電池の宇宙実証実験の実施可否を判断するために、リコー製ペロブスカイト太陽電池の宇宙用耐久性の評価（紫外線照射試験、電子線照射試験、熱サイクル試験、熱真空試験）をJAXAにおいて実施した[9)]。各試験前後におけるAM0の疑似太陽光照射下でペロブスカイト太陽電池のI-V特性を測定し、初期特性に対する試験後特性の劣化率を算出し、宇宙実証可能か判断をされた。

2.2.1　セル作製

宇宙実証実験に用いるペロブスカイト太陽電池の作成方法について説明する。HTV-Xに搭載するため、基板サイズは2.5cm×2.5cmのAR（Anti Reflection）コート付き石英ITO基板（25Ω）を用いて、$1cm^2$の発電面積の単セルを作製した。基板以外の構成は、前述のミニモジュールと同様の構成である。作製したペロブスカイト太陽電池は、窒素で置換されたグローブボックス内でUV硬化樹脂によりガラスと張り合わせることで封止を行った。

2.2.2　紫外線耐久性評価

地上では大気により吸収されるため300nm以上の紫外線のみが届いているが、水や酸素がない宇宙空間ではよりエネルギーの強い300nm以下の波長域の紫外線も降り注いでいる。そのため、より高い紫外線耐性が宇宙実証セルとして必要である。今回予定しているHTV-X1号機による実証実験で想定される紫外線量にマージンを加えた70 ESD（Equivalent Solar Day）と設定された。ESDとは紫外線照射量の単位で、1ESDは大気圏外での太陽光1日分の照射量に相当する。紫外線照射中は、1.3×10^{-5}Pa以下の真空環境下で、デバイス温度は常温から60℃までの範囲に収まるように設定された。

上記条件下においてリコー製ペロブスカイト太陽電池の紫外線耐久性試験前後のAM0疑似太陽光の特性結果を図5に示す。まず初期出力に関して、1.2で示したモジュール性能と比較すると、FFが著しく悪い。この原因は、単セルのデザイン最適化できてないことと、宇宙用途として使用しているARコート付き石英透明電極基板のITO抵抗が25Ωと高いことが原因であると考えている。70ESD照射後は、ややFFが低下しているように見えるが、70ESDの紫外線量を照射後においてもV_{OC}とI_{SC}の劣化率はほとんどないことが確認された。

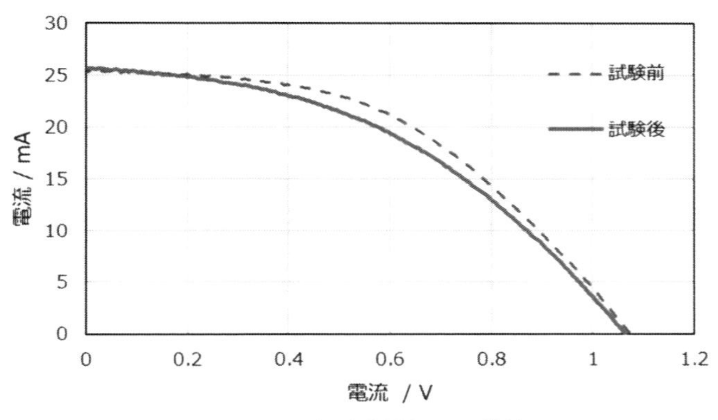

図5　UV照射試験前後のI-V特性

2.2.3　放射線耐久性評価

放射線耐久性の評価については、窒素雰囲気下で、1MeVのエネルギーの電子線を照射し、1×10^{14}、3×10^{14}、1.3×10^{15}、4.3×10^{15}（$/cm^2$）のフルエンスに到達した時点で電子線の照射を停止し、ペロブスカイト太陽電池を取り出す。その後、AM0の疑似太陽光下において、I-V特性を評価し、放射性耐性を評価した。試験前とそれぞれのフルエンスでの各太陽電池特性パラメーター（I_{SC}、V_{OC}、FF)の維持率を表3にまとめた。試験の結果から、1MeV電子線照射後においても、それぞれのパラメーターにおいて高い維持率を保っていることが確認できた。

表3　1MeV電子線照射試験における性能維持率

電子線（$/cm^2$）	I_{sc}	V_{oc}	FF
試験前	1	1	1
1×10^{14}	1.02	1.00	1.03
3×10^{14}	1.04	0.99	0.95
1.3×10^{15}	1.01	1.01	1.09
4.3×10^{15}	1.03	1.02	0.99

2.2.4 熱サイクル耐久性評価

熱サイクル試験においては、宇宙空間を考慮して、窒素雰囲気下で－100℃から＋100℃の温度範囲において、20℃ /minの速度で温度変化させ実施した。また、予定している宇宙実証実験期間中に想定される熱サイクルが1,650サイクル程度のため、この条件で検証された。熱サイクル試験実施には、ペロブスカイト太陽電池を宇宙実証実験で実際に使用する予定のアルミホルダーに接着させた状態で試験を行った。熱サイクル試験後の太陽電池特性を大気環境下、AM0の疑似太陽光下で測定した。その結果を図6に示した。－100℃から＋100℃の熱サイクルを繰り返し1,650サイクル実施しても、I-Vカーブの形状がほとんど変化していないことが確認できたことから熱サイクル耐性についても問題がないことを確認した。

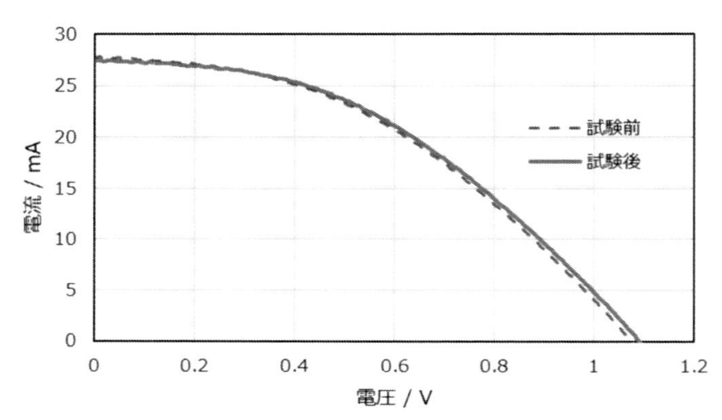

図6　熱サイクル試験前後のI-V特性

2.2.5 熱真空耐久性評価

熱真空試験においては、熱サイクル試験と同様にアルミホルダーにセルを接着した状態で試験を実施した。今回の熱真空試験を実施する目的は、試験前後のペロブスカイト太陽電池の性能変化を確認することに加えて、宇宙空間で想定される低温環境から太陽光入射による温度上昇で電流集中などによる熱暴走現象[10] の発生有無を確認することも目的とした。

熱真空試験は、ペロブスカイト太陽電池を接着したアルミホルダーを－80℃まで冷却した状態から、AM0相当の疑似太陽光を照射し、アルミプレートの温度を60℃まで上昇させた。このサイクルを3回繰り返した。試験中、太陽電池サンプルは1.3×10^{-5}Pa以下の真空空間にさらされた。

試験前後のAM0の疑似太陽光下における太陽電池特性を図7に示す。その結果、試験前後のIVカーブからは顕著な劣化は見られなかった。また、温度変化に伴う電流集中などの現象による太陽電池特性の低下についても見られなったため、アルミホルダーへの搭載状態では、熱暴走現象が起きないことも確認できた。

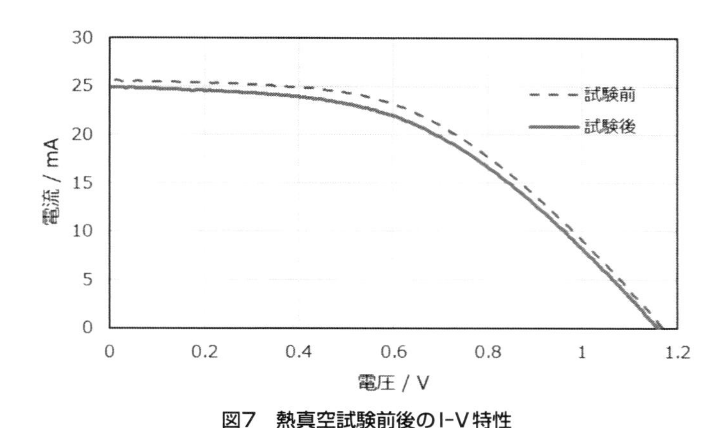

図7　熱真空試験前後のI-V特性

今回のプロジェクトにおいては、ペロブスカイト太陽電池の宇宙実証実験の実施可否を判断するために、紫外線照射試験・電子線照射試験・熱サイクル試験・熱真空試験を実施した。各試験前後での太陽電池特性を評価した結果、前述のように、すべての試験において耐久試験後に顕著な劣化が見られなかったことから、弊社で作製したペロブスカイト太陽電池を用いた宇宙空間での軌道上実証試験の実施は可能であると判断された。本ペロブスカイト太陽電池セルは、HTV-X初号機に搭載した宇宙実証実験が予定されている。

おわりに

リコーにおけるペロブスカイト太陽電池の開発例とJAXAらとの共同研究で実施した宇宙実証に向けた耐久性試験の結果について報告した。リコーでは貧溶媒法を用いない新1ステップ法を開発することで、17％を超える80mm角モジュールの作成に成功した。また、地上用途に向けた耐久性について評価した結果、85℃ 85％の高温高湿試験、85℃の高温試験、AM1.5を用いた耐光性試験の各試験500時間後も80％以上の出力維持率を有していることを確認した。さらに宇宙実証に向けた耐久性試験についても、紫外線照射試験・電子線照射試験・熱サイクル試験・熱真空試験において、劣化がほとんど見られなかったことから、宇宙実証実験も可能であると判断された。

謝辞

今回の宇宙実証実験について実施可否を判断するための検証試験について、宇宙航空研究開発機構の金谷周朔氏、宮澤優氏、豊田裕之氏、廣瀬和之氏、奥村哲平氏、今泉充氏にご協力いただいた。心より感謝の意を表する。

参考文献

1）A. Kojima, K. Teshima, Y. Shirai, and T. Miyasaka, J. Am. Chem. Soc. 2009, 17, 6050–6051

2）W. S. Yang, B. W. Park, E. H. Jung, N. J. Jeon, Y. C. Kim, D. U. Lee, S. S. Shin, J. Seo, E. K. Kim, J. H. Noh, S. I. Seok, Science 2017, 356, 1376

3）Q. Jiang, Y. Zhao, X. Zhang, X. Yang, Y. Chen, Z. Chu, Q. Ye, X. Li, Z. Yin, and J. You, Nat. Photonics, 2019, 13, 460–466

4）G. Kim, H. Min, K. S. Lee, D. Y. Lee, S. M. Yoon and S. I. Seok, Science, 2020, 370, 108-112

5）S. Ghosh, S. Mishra, and T. Singh, Adv. Mater. Interfaces 2020,18, 2000950

6）Y. Miyazawa, M. Ikegami, H. W. Chen, T. Ohshima, M. Imaizumi, K. Hirose. T. Miyasaka, iScience, 2018, 2, 148-155

7）Y. Miyazawa, G. M. Kim, A. Ishii, M. Ikegami, T. Miyasaka, Y. Suzuki, T. Yamamoto, T. Ohshima, S. Kanaya, H. Toyota, K. Hirose, J. Phys. Chem. C, 2021, 125, 13131-13137

8）A. R. Kirmani, B. K. Durant, J. Grandidier, N. M. Haegel, M. D. Kelzenberg,Y. M.Lao, B.Rout, I. R. Sellers, M. Steger, D. Waker, D. M. Wilt, K. T. VanSant, J. M. Luther, Joule, 2022, 6, 1015-1031

9）金谷周朔、宇宙実証に向けたペロブスカイト太陽電池の開発状況、第66回宇宙科学技術連合講演会、3A15

10）T. Nakamura, T. Sumita and M. Imaizumi, Jpn. J. Appl. Phys., 2018, 57, 08RD03,

第2章　ペロブスカイト太陽電池の実用化と応用展開

第5節　ペロブスカイト／ヘテロ接合結晶Siタンデム太陽電池の技術紹介

株式会社カネカ　宇津　恒・山本　憲治

はじめに

太陽電池は、「2050年カーボンニュートラル」の実現に向け、主要な役割を果たすことが確実視されており、その性能向上に対する期待は大きい。なかでも、ペロブスカイト太陽電池は、塗布法により比較的簡便に高品質な発電層を形成することができ、高い変換効率が得られる。このため、現在主流を占める結晶Si太陽電池に対抗し得るゲームチェンジャーとして実用化を目指す動きが活発化している。

ペロブスカイト太陽電池の研究開発の主流は、薄膜太陽電池の特性を活かした展開が探索されている単接合太陽電池と、結晶Si太陽電池等と組み合わせたタンデム太陽電池に大別できる。タンデム太陽電池は、結晶Si太陽電池の変換効率を大きく超える次世代の高効率太陽電池として、狭小地や移動体等、これまで導入が進んでいなかった市場へも太陽電池の普及を推し進める原動力となるものと期待されている。特に、光入射側にペロブスカイト太陽電池を用い、高効率結晶Si太陽電池であるヘテロ接合（HJ）結晶Si太陽電池[1, 2]と組み合わせたペロブスカイト／ヘテロ接合結晶Si（ペロブスカイト／HJ）タンデム太陽電池は、最近、Si太陽電池のセル変換効率の理論限界（29％台）を大きく超える変換効率（31.25％）が得られたことが報告されており、大きな注目を集めている[3]。

ペロブスカイト太陽電池は、材料組成の調整により発電層のバンドギャップを大きく制御することが可能であり、タンデム太陽電池のTopセルだけでなく、Bottomセルとしても有力な候補として研究開発が進められているが、本稿では、タンデム太陽電池の中でも高効率技術開発が最も進んでいるペロブスカイト／HJタンデム太陽電池に対象を絞り、はじめに、光学シミュレーションによる検討結果を用いて議論を進めた後、この結果を活用した光閉じ込め技術や、カネカの技術開発の最新の成果などについて紹介する。

1.　タンデム太陽電池における光閉じ込め技術

1.1　薄膜Siタンデム太陽電池における光閉じ込め技術

タンデム太陽電池の光閉じ込め技術を議論する前に、まずは薄膜Siタンデム太陽電池に用いられてきた光閉じ込め技術の紹介から始めたい。薄膜Siタンデム太陽電池では、厚さ数百nm～数μmの光電変換層で効率的に光を吸収させるため、様々な「光閉じ込め技術」が開発されてきた[4]。薄膜Siタンデム太陽電池のTopセルである水素化アモルファスSi（a-Si:H）セルは、光劣化（Staebler-Wronski効果）を起こすことが知られており、この光劣化の影響を抑制する一つの方法として、発電層（真性半導体層：i層）の薄膜化という対策が採られてきた。したがって、薄膜化により減少した光路長を増大させることが、変換効率を向上させる上で重要な要素となる。また、薄膜Siタンデム太陽電池では、Topセルであるa-Si:HセルとBottomセルである微結晶Si（μc-Si:H）セルとを電気的に直列に接続する2端子タンデム構造が一般的に用いられている。この構造では、変換効率を最大化させるため、それぞれの要素セルで生じる電流値を揃えること（電流マッチング）が重要である。薄膜Siタンデム太陽電池における光閉じ込め技術としては、例えば、反射ロス低減及び光散乱を利用した光路長の増大を目的とする受光面テクスチャ構造の導入がある。これにより大幅な短絡電流密度（J_{SC}）の向上が実現されており、同様の技術は単接合ペロブスカイト太陽電池の研究開発においても検討されている[5)]。また、屈折率差が比較的小さいTopセルとBottomセルとの間に、透明で導電性を有する低屈折率材料（SiOxやTCO（Transparent Conducting Oxides）など）を中間層[6)]として導入することも考案され、量産における標準的な技術として採用されている。中間層を導入することより、従来はBottomセルへと透過していく入射光の一部を中間層で反射させることで、Topセルの電流増大が実現できるだけでなく、Bottomセルの裏面側で反射した長波長光をBottomセル内に閉じ込める効果も見込め、タンデム太陽電池全体としてJ_{SC}が向上する。

1.2　ペロブスカイト／HJタンデム太陽電池における光閉じ込め技術

ペロブスカイト／HJタンデム太陽電池においても、薄膜Si太陽電池で開発された光閉じ込め技術を応用することで変換効率の向上が期待できる。このため、光学設計の観点からペロブスカイト／HJタンデム太陽電池の特徴を、薄膜Siタンデム太陽電池と比較しながら述べておくことも有益である。

構造上、ペロブスカイト／HJタンデム太陽電池が薄膜Si太陽電池と大きく異なる点として、Bottomセルが二桁厚く、テクスチャサイズも大きい点が挙げられる。通常の薄膜Si太陽電池の光学シミュレーションにおいては、Transfer Matrix法などの1次元多層膜を基軸とした手法や、数値的にMaxwell方程式を解く波動光学的手法が多く試みられてきた。一方で、ペロブスカイト／HJタンデム太陽電池のように、数百nm程度の薄膜からなるTopセルと、Topセルよりも2～3桁厚い基板（光電変換層）及び＞1μmサイズのテクスチャ構造を有するBottomセルとが共存する系においては、薄膜の光学干渉の効果をCoatingとして組み入れたRay-tracing法のような幾何光学的手法も有用である。本稿では、このような幾何光学的手法として、Delft工科大学の開発した光学モデルであるGenpro4[7)]を用いた光学計算結果をもとに議論を進める。

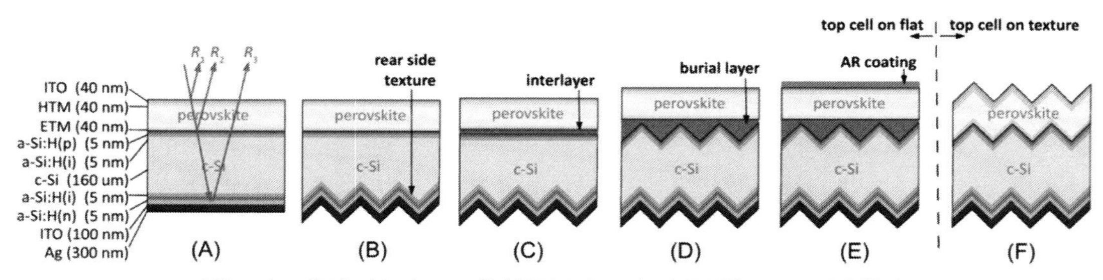

図1　ペロブスカイト／ヘテロ接合結晶Siタンデム太陽電池における各種構造
参考文献8）Figure3より引用（©The Optical Society）

ペロブスカイト／HJタンデム太陽電池においては、Topセルの形成方法により、Bottomセルの受光面側表面形状が制約され得る点も特徴といえる。ペロブスカイト層の形成方法は、大きくは塗布法と蒸着法の二通りに大別されるが、性能面や製造コスト面などを考慮した上でどちらが優位であるかは未だ結論に至っていない。蒸着法を用いた場合は、Bottom基板の受光面側テクスチャに沿うようにTopセルを形成でき、結晶Si太陽電池と同様の受光面側の反射防止効果が期待できる。一方で、塗布法を採用した場合においては、Bottom基板の受光面側テクスチャ構造の有無やそのサイズが、Topセルの表面形状に大きく関わってくる。また、光学設計の観点では、ペロブスカイト／HJタンデム太陽電池は、TopセルとBottomセルの屈折率差が比較的大きい点においても、薄膜Siタンデム太陽電池とは異なっている。

ペロブスカイト／HJタンデム太陽電池では、ペロブスカイト層の形成方法を想定すると図1に示すように種々の構造を設計し得る。現段階では、μmオーダーのテクスチャ構造の上に数百nmオーダーの高品質のペロブスカイト層を均一に塗布することは困難であると考えられており、図1(A)～(C)で示したような受光面側が平坦なBottom基板を用いた報告例が多い。このような平坦な構造を採用した場合、前述のようにペロブスカイト／HJタンデム太陽電池は、a-Si:H／μc-Si:H薄膜Siタンデム太陽電池と比較して、TopセルとBottomセルの屈折率差が比較的大きいことから、その境界面での屈折率差による反射ロスが大きくなる。したがって、中間層には、薄膜Si太陽電池で採用されたような入射光を反射させてTopセルに戻す機能よりも、長波長光の反射を防止する機能が求められることとなる。

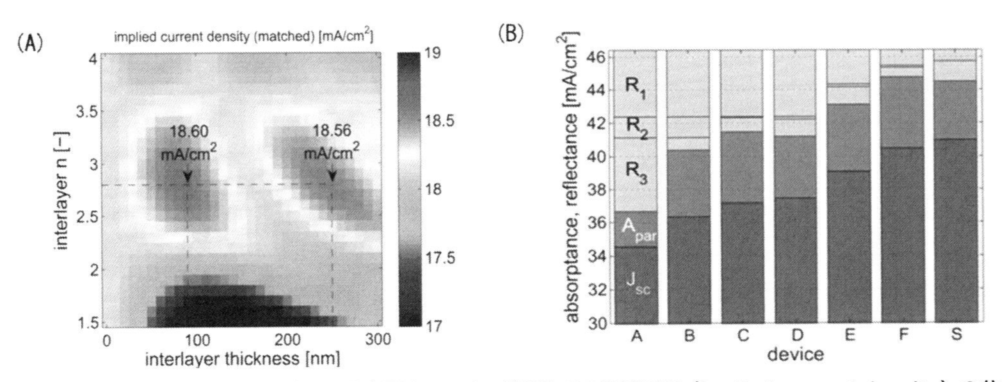

図２　(A) 中間層の膜厚と屈折率に対する最適電流マッチング条件での電流密度（implied current density）の分布
参考文献8) Figure 6より引用 (© The Optical Society)。

(B) TopセルとBottomセルを電流マッチングさせた状態での電流（吸収）の総和
Device Sは単接合からなるヘテロ接合結晶Si太陽電池を表す。参考文献8) Figure 11より引用 (© The Optical Society)。
なお、(A)、(B) 両方の光学計算においてTopセルとBottomセルの電流マッチングを実現するためペロブスカイト層の膜厚最適化を実施している。

図1(C)の構造をベースに中間層の屈折率及び膜厚の最適条件を検討した結果を図2(A)に示す。図2(A)の光学計算では、波長900nm程度における電子輸送層（ETM）とペロブスカイト層の屈折率は概ね2.2～2.3に、同波長のa-Si:H(p)、a-Si:H(i)及びc-Siの屈折率は概ね3.6～3.7にそれぞれ設定している。通常の反射防止膜と同様に中間層の屈折率nは、TopセルとBottom基板の屈折率の間

である2.8付近に最適値を有し、例えば中心波長を$\lambda=900\sim1,000$nmとすると、反射防止の光学膜厚$nd=\lambda/4$を満たす膜厚dは80～90nm程度となる。長波長光に対して反射防止の条件を満たす領域の電流密度が高くなっていることが分かる。

一方で、図1(D)～(F)に示されているように、Bottom基板の受光面側にテクスチャ構造を設けることで、上述の反射ロスを抑制する方法も光学的には有用である。この場合、Topセルを塗布法で形成する場合、例えば図1(D)、(E)のように透明で導電性のある材料やペロブスカイト層自体で＜1μmサイズの比較的微細なテクスチャ構造を埋没させてしまう方法などが考えられるが、タンデムセルの最表面も含めて、幅広い波長範囲に対する反射防止効果を期待する観点からは、図1(F)のように、蒸着法などでテクスチャ構造上にTopセルをConformalに形成することが最もJ_{SC}を高めることができる方法と考えられる。前述の変換効率31.25%が報告されたタンデム太陽電池[3]においては、図1(F)の構造が採用されていると思われる。更に、図1(A)に示されているタンデム構造の中の各界面における反射R_1、R_2、R_3と、寄生吸収Apar及びTopセルとBottomセルの発電層の吸収率の合計をGenpro4により計算し、AM1.5の下における発電量に換算し比較した結果を図2(B)に示す。TopセルとBottomセルの中間部分における反射R_2は、図1(C)のように中間層の導入により減少していることが見て取れる。

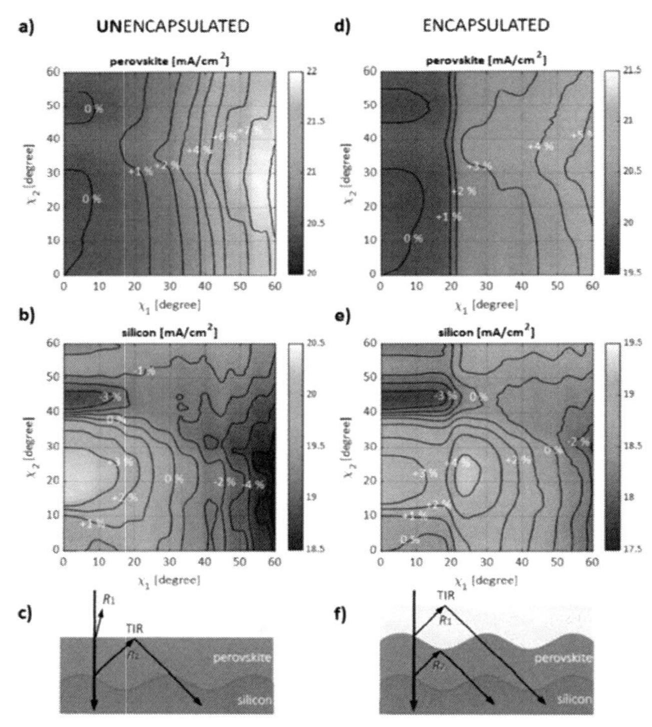

図3　ペロブスカイト／HJタンデム太陽電池における各要素セルの受光面側フラット基板に対する電流密度（implied current density）変化量のペロブスカイトセル受光面側テクスチャ傾斜角χ_1及びHJセルの受光面側テクスチャ傾斜角χ_2依存性

a)ペロブスカイト（未封止）、b)HJ（未封止）、c)未封止タンデムセルの断面模式図（$\chi_1=0$、$\chi_2\neq0$）、
d)ペロブスカイト（封止後）、e)HJ（封止後）、f)封止後タンデムセルの断面模式図（$\chi_1\neq0$、$\chi_2\neq0$）。
参考文献9）Figure 4より引用（© The Optical Society）。なお、図3の計算においては、各膜厚を固定して計算を実施している。

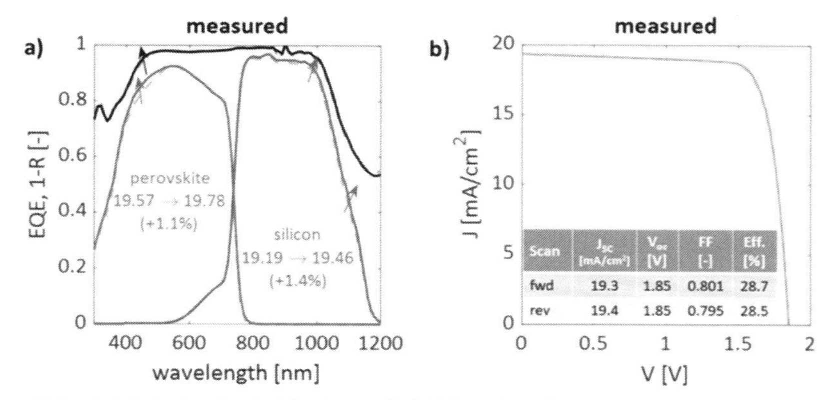

図4　カネカのペロブスカイト／ヘテロ接合結晶Siタンデムセルにおける
a) 外部量子効率（EQE）の実測値とb) IVカーブ

参考文献9) Figure 2より引用（© The Optical Society）。EQEにおける破線はBottom基板の受光面側が平坦なタンデムセルの測定結果であり、実線は緩やかなテクスチャ構造を有するタンデムセルの測定結果を表す。黒色の実線はタンデムセルの反射率Rとして1-Rを表す。

次に、光閉じ込め効果向上と均一なペロブスカイト層の形成を両立する方法を探索するため、塗布法がより適用し易いと考えられる傾斜角の緩やかなテクスチャ構造をBottom基板の受光面側に導入した場合について光学シミュレーションを実施した[9]。膜構成を固定した状態のペロブスカイト／HJタンデム太陽電池において、Topセルの受光面側及びBottomセルの受光面側テクスチャ傾斜角を0～60°で変化させた場合の電流密度（implied current density）の変化量をGenpro4により計算した結果を図3に示す。図3では、BottomセルであるHJセルの受光面側にχ_2＝23°程度の傾斜角を有するテクスチャ構造を設けることで、電流密度が向上する可能性が示唆される。これは、未封止のセルであればTopセル／Air界面（χ_1＝0°の場合）、封止後のモジュールであれば封止部材（glass）／Air界面等で、セルにおける反射光（図3c及び図3f に記載のR_1、R_2）が全反射して再びセル側へ戻ってくることに起因する。したがって、Bottom基板に緩やかな傾斜角を有するテクスチャ構造を導入することで光閉じ込め効果が向上し、光学的な観点において、ペロブスカイト／HJタンデム太陽電池の特性向上が期待できる。

2.　ペロブスカイト／ヘテロ接合結晶Siタンデム太陽電池

2.1　2端子タンデム太陽電池

現時点で、ペロブスカイト／HJタンデム太陽電池における2端子タンデム構造において、変換効率が29％を超えている報告例は、Oxford PVの29.52％[10]と、Helmholtz-Zentrum Berlin（HZB）の29.8％[11]、そして前述のCSEMの31.25％[3]が挙げられる。特に最近では、HZBのセル構造[12]の様に、p型半導体材料の大きな光吸収ロスの影響を避けるため、受光面側にn型半導体材料を配置したp-i-n構造をTopセルとして採用する例が増えてきている。また、中間層としては、Bottomセルのn層の機能を兼ねる形でnc-SiOxを用いることも検討されている。

カネカにおいても、ペロブスカイト／HJタンデム太陽電池の開発を進めており、平均傾斜角10°程度の緩やかなテクスチャ構造を受光面側に有するBottomセル上に、塗布法によりペロブスカイト層を形成することで、自社測定において28.6%の変換効率がこれまでに得られている。図4bにそのIV特性を示す。また、図4aでは、Bottomセル基板の受光面側が平坦な場合と、前述の緩やかなテクスチャ構造を有した場合におけるペロブスカイト／HJタンデム太陽電池の外部量子効率を示している。Bottomセル基板の受光面側に緩やかなテクスチャ構造を用いることで、外部量子効率の向上が確認でき、ある程度の光閉じ込め効果向上と、塗布法による均一なペロブスカイト層の形成が両立できる可能性を示すことができたと考える。今後、最適化等を進めることにより、更なる変換効率の向上を実現できるものと期待する。

2.2　3端子タンデム太陽電池への展望

更なる変換効率の向上を目指す上で、3端子タンデム構造[13]も興味深い太陽電池構造である。上述の2端子タンデム構造は、TopセルとBottomセルが電気的に直列に接続される構造となるため、前述のようにそれぞれの動作点電流をある程度揃える電流マッチングの制約を満たす必要がある。すなわち、Topセルのバンドギャップを一定の範囲内で選定する必要がある。一方で、3端子タンデム構造においては電流マッチングの制約がないという特長があり、Topセルの幅広いバンドギャップ領域で高い変換効率が得られるため、最も性能の高いバンドギャップのペロブスカイト太陽電池が選択可能である。

図5(A)に3端子タンデム構造の一例を示す。3端子タンデム構造は、p層とn層の配置や電気回路の選び方に自由度があるが、例えば図5(A)の構成の場合であれば、Topセルで発生した電力は受光面側電極（front）と、Bottom基板を介した裏面電極（base）をつなぐ回路で取り出すことができ、またBottomセルで作り出された電力は、通常の裏面電極型太陽電池と同様に裏面電極（emitter、base）をつなぐ回路で取り出すことができる。このように、それぞれの要素セルはbaseを共通としながら別々の回路で動作するため、電流マッチングの制約が生じないこととなる。

図5(B)には、Shockley-Queisser（SQ）Limitをベースとした3端子タンデム構造、2端子タンデム構造および単接合セルの理論変換効率の比較を示す[14]。2端子タンデム構造においては、Topセルのバンドギャップが約1.73eVの場合をピークとした限られたバンドギャップの範囲においてのみ高い変換効率を示しているのに対して、3端子タンデム構造においては、ペロブスカイト層の取り得る幅広いバンドギャップ範囲において、高い変換効率を維持するポテンシャルを有していることが分かる。このため、3端子タンデム構造を採用することで、単接合セルにおいて高い変換効率が得られている最先端のペロブスカイト太陽電池技術を、タンデム構造に転用し易くなるものと期待できる。

現時点でのペロブスカイト太陽電池の最高性能は変換効率25.7%まで到達しており[1]、そのJ_{SC}は25.8mA/cm^{2}であるため、単純にTopセルとして結晶Si系太陽電池と組み合わせた場合の2端子タンデム構造では、Bottomの電流が不足することとなる。一方で3端子タンデム構造を採用した場合は、Topセルの電流をそのまま取り出すことができるため、原理的には高性能なペロブスカイト太陽電池の能力をタンデム構造においても発揮することが可能となる。将来的には、最高性能を有するペロブスカイト太陽電池の技術と、カネカが結晶Si太陽電池の世界記録である変換効率26.7%[1]を達成した裏面電極型ヘテロ接合結晶Si太陽電池の技術を組み合わせることで、変換効率30％を大きく超える次世代の高効率太陽電池が得られるものと期待する。

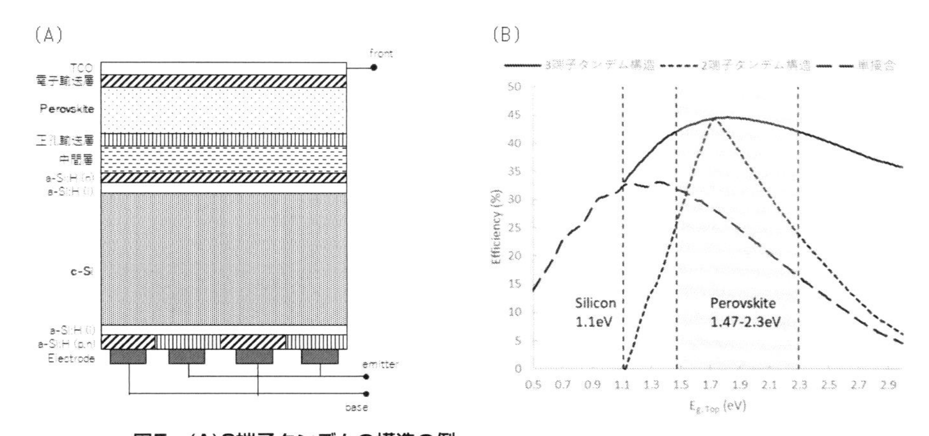

図5　(A)3端子タンデムの構造の例
(B)結晶Si系太陽電池をBottomセルとした場合の3端子タンデム構造、2端子タンデム構造及び単接合セルにおける理論限界（SQ Limit）のTopセル（単接合セル）バンドギャップ依存性

おわりに

本稿では、タンデム太陽電池における光閉じ込め技術を中心にペロブスカイト／ヘテロ接合結晶Siタンデム太陽電池の高効率化に関して概説した。今後、ペロブスカイト／ヘテロ接合結晶Siタンデム太陽電池等の変換効率が30%を超える高効率太陽電池により、従来の市場だけでなく、狭小地や移動体など、様々な場所への太陽電池導入も促進されることで、2050年のカーボンニュートラル実現へ貢献ができるものと期待する。

謝辞

本稿の内容の一部は、新エネルギー・産業技術総合開発機構（NEDO）の共同研究業務（JPNP20015）にて行われた。

参考文献

1）Martin A. Green, Ewan D. Dunlop, Jochen Hohl-Ebinger, Masahiro Yoshita, Nikos Kopidakis, Karsten Bothe, David Hinken, Michael Rauer, Xiaojing Hao: Prog Photovolt Res Appl., 30, 687–701 (2022)

2）Daisuke Adachi, José Luis Hernández, and Kenji Yamamoto: Applied Physics Letters 107, 233506 (2015)

3）NEW WORLD RECORDS: PEROVSKITE-ON-SILICON-TANDEM SOLAR CELLS [Internet]. Centre Suisse d'Electronique et de Microtechnique (CSEM); 2022 Jul. 7 [cited 2022 Nov. 2]. Available from: https://www.csem.ch/press/new-world-records-perovskite-on-silicon-tandem-solar?pid=172296

4）Andrea Feltrin, Tomomi Meguro, Elisabeth Van Assche, Takashi Suezaki, Mitsuru Ichikawa, Takashi Kuchiyama, Daisuke Adachi, Osamu Inaki, Kunta Yoshikawa, Gensuke Koizumi, Hisashi Uzu, Hiroaki Ueda, Toshihiko Uto, Takahisa Fujimoto, Toru Irie, Hironori Hayakawa, Naoaki Nakanishi, Masashi Yoshimi, and Kenji Yamamoto: Solar Energy Materials & Solar Cells 119, 219–227 (2013)

5）Ryota Mishima, Masashi Hino, Hisashi Uzu, Tomomi Meguro, and Kenji Yamamoto: Applied Physics Express 10, 062301 (2017)

6）Kenji Yamamoto, Akihiko Nakajima, Masashi Yoshimi, Toru Sawada, Susumu Fukuda, Takashi Suezaki, Mitsuru Ichikawa, Yohei Koi, Masahiro Goto, Tomomi Meguro, Takahiro Matsuda, Masataka Kondo, Toshiaki Sasaki, and Yuko Tawada: Solar Energy 77, 939–949 (2004)

7）Rudi Santbergen, Tomomi Meguro, Takashi Suezaki, Gensuke Koizumi, Kenji Yamamoto, and Miro Zeman: IEEE J. Photovolt., 7, no. 3, 919–926 (2017)

8）Rudi Santbergen, Ryota Mishima, Tomomi Meguro, Masashi Hino, Hisashi Uzu, Johan Blanker, Kenji Yamamoto, and Miro Zeman: OPTICS EXPRESS, 24, no. 18, A1288 (2016)

9）Rudi Santbergen, Malte R. Vogt, Ryota Mishima, Masashi Hino, Hisashi Uzu, Daisuke Adachi, Kenji Yamamoto, Miro Zeman, and Olindo Isabella: OPTICS EXPRESS, 30, no. 4, 5608 (2022)

10）Oxford PV hits new world record for solar cell [Internet]. Oxford PV; 2020 Dec 21 [cited 2022 Nov. 2]. Available from: https://www.oxfordpv.com/news/oxford-pv-hits-new-world-record-solar-cell

11）World record again at HZB: Almost 30 % efficiency for next-generation tandem solar cells[Internet]. Helmholtz-Zentrum Berlin; 2021 Nov 22 [cited 2022 Nov. 2]. Available from: https://www.helmholtz-berlin.de/pubbin/news_seite?nid=23248;sprache=en;seitenid=1

12）Amran Al-Ashouri, Eike Köhnen, Bor Li, Artiom Magomedov, Hannes Hempel, Pietro Caprioglio, José A. Márquez, Anna Belen Morales Vilches, Ernestas Kasparavicius, Joel A. Smith, Nga Phung, Dorothee Menzel, Max Grischek, Lukas Kegelmann, Dieter Skroblin, Christian Gollwitzer, Tadas

Malinauskas, Marko Jošt, Gašper Matič, Bernd Rech, Rutger Schlatmann, Marko Topič , Lars Korte, Antonio Abate, Bernd Stannowski, Dieter Neher, Martin Stolterfoht, Thomas Unold, Vytautas Getautis, Steve Albrecht: Science 370, 1300-1309 (2020)

13）Rudi Santbergen, Hisashi Uzu, Kenji Yamamoto, and Miro Zeman: IEEE J. Photovolt., 9, no. 2, 446-451 (2019)

14）Philipp Tockhorn, Philipp Wagner, Lukas Kegelmann, Johann-Christoph Stang, Mathias Mews, Steve Albrecht, and Lars Korte: ACS Appl. Energy Mater., 3, 1381－1392 (2020)

第2章　ペロブスカイト太陽電池の実用化と応用展開

第6節　フィルム型ペロブスカイト太陽電池のロール・ツー・ロール製造技術開発

積水化学工業株式会社　森田　健晴

はじめに

積水化学工業株式会社（以下、当社）は今年75周年を迎えるが、創業以来、社会課題解決に取り組んできた。私たちが現在、健全な危機感を持って取り組んでいる社会課題解決への挑戦の一つである「フィルム型ペロブスカイト太陽電池のロール・ツー・ロール製造技術開発」について報告する。

当社では2013年頃からフィルム型ペロブスカイト太陽電池の探索研究を開始し、他社や各研究機関が変換効率を追いかける中、耐久性に拘ってそのポテンシャルを確認し、2015年からの本格的な開発を開始した。開発に当たっては訴求力に拘り、当社の技術プラットフォームの中にあった、封止技術、プロセス技術、材料技術、成膜技術等の強みを発揮させて開発を進めてきた。その技術は発電層だけでなく、周辺部材にも活かされており競争力の根源となっている（図1）。これまでの開発を通して既に30cm角モジュールでの各耐久性は確認できている（図2）。

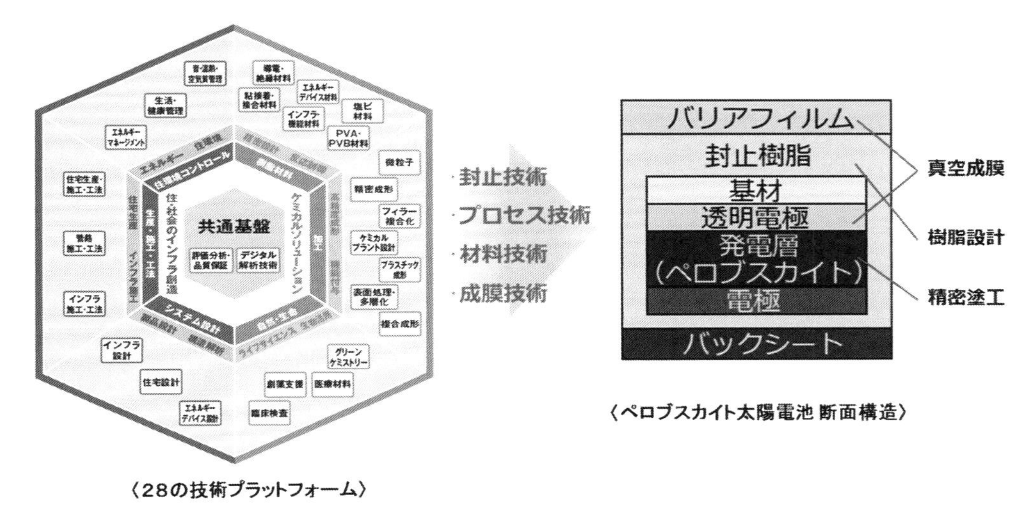

図1　当社ペロブスカイト太陽電池に展開された要素技術

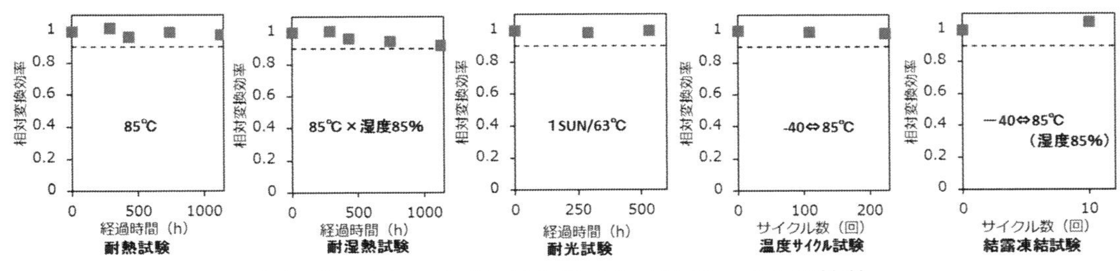

図2　当社ペロブスカイト太陽電池（30㎝角モジュール）の耐久性

1. ロール・ツー・ロール製造技術

当社のフィルム型ペロブスカイト太陽電池は太陽電池セルを全工程ロール状に製造するロール・ツー・ロールプロセスで製造される。ロール状の基材に対して真空成膜での電極形成、切削加工、塗工を全てロールで行うため、高い生産性が期待できる（図3）。

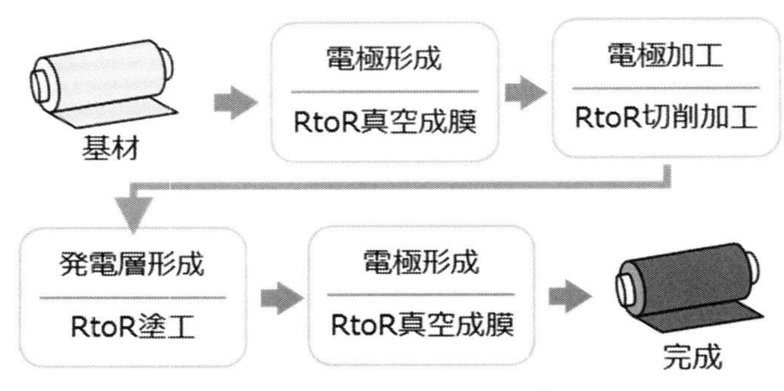

図3 ロール・ツー・ロール製造プロセス

2. 当社ロール・ツー・ロール製造技術開発の進捗状況

ペロブスカイト太陽電池は一般的に変換効率が高く、耐久性に大きな課題を有している。当社は当初から耐久性の改善を開発の軸として進め、太陽電池の材料面と構造面の両方からその課題をクリアできた。そのため、グローブボックスやドライルームといった制約のない環境でのロール・ツー・ロール製造技術にいち早く着手し、開発を進めている。これまでの検討で30cm幅でのロール・ツー・ロールの基本的な要素技術は確立でき、数百メートルの連続試作が可能となっている（図4）。

図4 積水化学のロール・ツー・ロール塗工装置（30cm幅）

ただ、工程が長いこともあり、下記に示すようにバラツキが大きく、小面積での性能を大面積で実現するためには解決すべき課題が多い。ロール・ツー・ロールで製造した太陽電池モジュールの2021年度末時点での性能評価結果を図5に示した。3cm角モジュールでの性能としては効率15.0%であり、30cm幅全体を用いた30cm角モジュールとなると変換効率は最高値でも14.3%にとどまっていた。

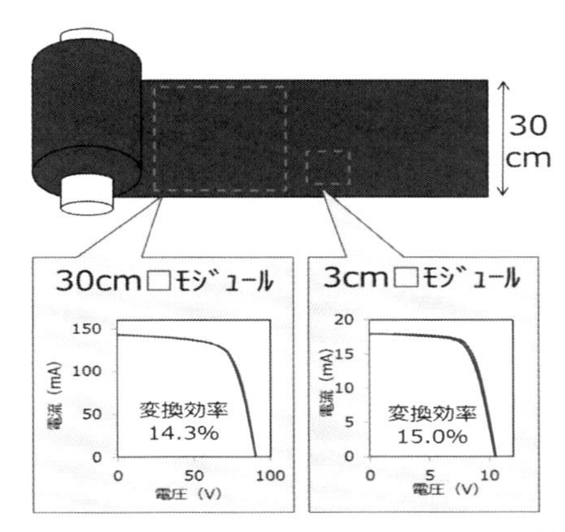

図5　ロール・ツー・ロール製造モジュールの性能

小面積での変換効率性能もまだまだ上げていく必要があるが、あわせて大面積化での変換効率低下も大きな課題であることがわかった。

基本的な変換効率向上については、論文等で報告されている組成や構造を参考にすることができるが、通常の構造では極めて耐久性が低く、実用化が困難なものがほとんどである。そこで、当社が保有する高耐久化技術を活かし、各大学との連携体制の中での変換効率向上と耐久性の両立を目指した検討を進めている（図6）。

具体的な性能向上の方針としては①東京大学や九州大学と共に高変換効率が得られているホルムアミジニウム（FA）のカチオン種を含むペロブスカイト層を用いて高耐久化を図るというアプローチと②東京大学、京都大学と共に当社が見出した高耐久組成からの高効率化を図るアプローチの両面からの開発を進めている。

上記開発についてはペロブスカイト太陽電池の中長期的なものであり、世界競争の中での生き残りをかけた重要な取り組みと考えている。

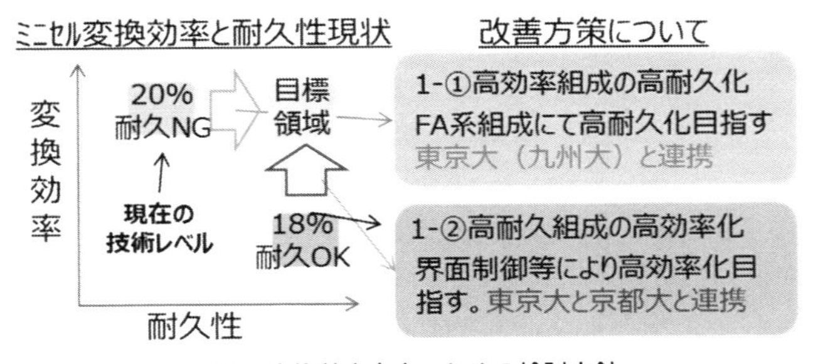

図6　変換効率向上のための検討方針

一方、先に述べた30cm角モジュールの効率が3㎝角と比較して低い原因については、エリアごとの膜厚や膜質、構造形成に関わるバラツキが原因ではないかと考え、詳細な分析を行った。図７にはEL発光分布を示したが、発光していないエリアが存在し、全く発電していないエリアが存在することが分かった。

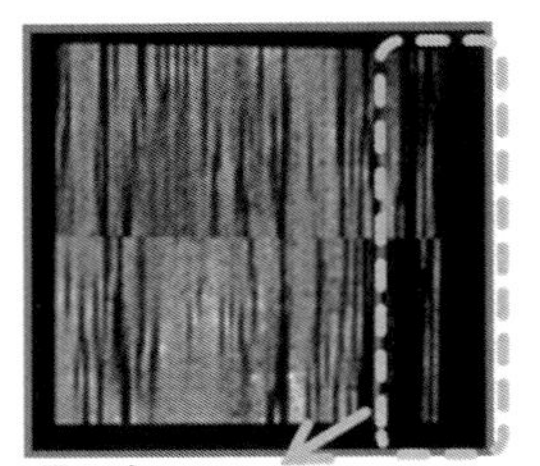

図7　30cm角モジュールのEL発光分布評価

そこで発電しないエリアについて、塗工プロセスでの成膜分布のばらつき、透明電極の透過率分布ばらつき、配線パターン形成のためのスクライブプロセスでの面内ばらつきなどの改善を行った。社内で保有する各技術の適用により改善を行った結果、図8のように端部の非発電エリアをなくすことができた。

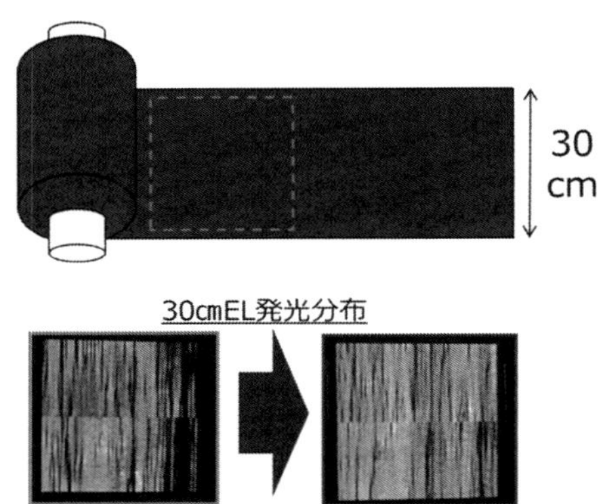

図8　30cm角モジュールのEL発光分布の改善状況

改善後のモジュールの性能評価結果を図9に示した。非発電エリアをなくすことで、小面積同様の変換効率を30cm角モジュールで再現することができ、大面積化が可能になった。

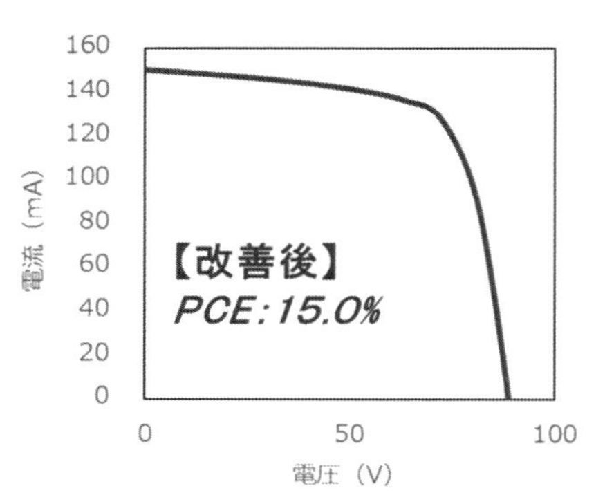

図9　改善後の30cm角モジュールのI-V曲線

3. 屋外曝露試験状況

上記のように30cm角モジュールでのロール・ツー・ロール製造技術が確立したことで、30cm角モジュールでの屋外曝露試験を開始している（図10）。

図10　当社社内での屋外曝露試験状況

先に述べた図1の通り、各耐久加速試験（IEC61215準拠）はクリアしており、実曝での性能変化を確認中であるが、現時点、約2年以上経過の時点では特に劣化は認められない。また、実際の発電量のデータなども蓄積中である。上記IEC61215での加速試験データと実曝評価との比較を行っており、立命館大学等の研究機関との連携にて加速係数を求める取組みを開始している。

4. 実用化に向けた今後の方針

当社は、超軽量ペロブスカイト太陽電池の製品化に向けて、既に実用化に向けた連続製造技術構築のフェーズに移っており、NEDOの『グリーンイノベーション基金事業／次世代型太陽電池の開発』の研究開発内容②『次世代型太陽電池実用化事業』に採択され、本年から本格的に始動している。東京大学、京都大学、立命館大学とのコンソーシアムを組んで研究開発をさらに加速させようとしている。

まずは2025年度の製品化を目指し、30cm幅ロール・ツー・ロール製造ラインを用いて製造した実証サンプルを活用しながら、各方面の顧客との設置・施工等のワークを強化しようとしている。

具体的には西日本旅客鉄道（JR西日本）が、2023年春に開業予定の「うめきた（大阪）地下駅」において、駅広場部分に当社のフィルム型ペロブスカイト太陽電池を設置することを発表しており、さらに東京都は下水道施設への設置を行い、発電効率の測定や耐腐食性能等の検証を実施するという発表を行っている。今後、公共エリアを中心にさらに適用エリアを拡大し、エリアごとの設置・施工に関わる課題出しと対応を行いながら1m幅での本格的な事業化への準備を整える予定である。

一方、ペロブスカイト太陽電池の製品化に向けた性能評価や耐久性評価の標準化が重要な課題と捉えており、各研究機関との連携で国際標準化活動にも参画している。

国際標準化については、経済産業省の省エネルギー等に関する国際標準の獲得・普及促進事業委託費で、『建築設置用ペロブスカイト太陽電池モジュールの発電性能推定法に関する国際標準化』が進められており、地方独立行政法人神奈川県立産業技術総合研究所（KISTEC）を中心に、当社製を含めた太陽電池セルを用い各研究機関での評価が進められている[1)]。性能・耐久性の向上とともに評価技術についても産官学一体となって加速していければと考えている。

おわりに

これまでの太陽電池産業の展開とは異なり、ペロブスカイト太陽電池は製造に関わるノウハウやプロセス技術が非常に多く、日本の技術の強みを活かしていけると考えている。従来のような単なる低コスト化だけでなく、カーボンニュートラルという新たな追い風を利用しながら是非タイミングよく早期に事業化を目指したいと考えている。

ペロブスカイト太陽電池は従来の結晶シリコン太陽電池と異なり、設置に関する自由度も大きいことから、今後は設置・施工も絡めて業界での連携を強化していきたい。

参考文献

1）Round-Robin Inter-Comparison of Maximum Power Measurement for Metastable Perovskite Solar Cells
H. Saito, M. Yoshita, H. Tobita, D. Aoki, T. Tobe1, H. Shimura and S. Magaino
ECS Journal of Solid State Science and Technology, Volume 11, Number 5, 2022

第2章　ペロブスカイト太陽電池の実用化と応用展開

第7節　ペロブスカイト型太陽電池の実用化に向けたベンチャーの取り組み

株式会社エネコートテクノロジーズ　堀内　保・河村　達朗

はじめに

株式会社エネコートテクノロジーズは京都大学発のスタートアップである。

産官学連携の機運の高まりを受け2015年頃から京都大学において、大々的なスタートアップ支援スキームが整備され、その一環として2016年11月、事業化を目指す研究開発プロジェクトを起業前の段階から助成する制度「京都大学インキュベーションプログラム（IPG）」が創設され、自らの研究成果を製品実用化の段階まで見届けたいとの思いを持つ京都大学化学研究所の若宮教授が、旧知の間柄である加藤（現代表取締役社長）に声をかけ、IPG第1回公募セッションに共同で応募、第1号案件として採択されたのが、エネコートテクノロジーズ誕生のきっかけである。以降PSCsの研究・開発を順調に進め、2018年1月に法人設立（起業）、2019年1月に京都大学独自のベンチャーキャピタルである京都大学イノベーションキャピタルの運営するファンドから出資を仰ぎ、事業開始に至っている。

1.　創業後の活動内容について

創業後に行ったマーケッティング活動により、低照度の分野においてペロブスカイト太陽電池が優れた性能を有しており、従来の他方式太陽電池に比べても大きく差別化できることを見出した。更に、創業時のメンバーにはアモルファスシリコン太陽電池の開発経験者が参画していたこともあり、低照度に適したペロブスカイト太陽電池に向けて活動を行ってきた。

あらゆるモノをインターネットに接続するIoT（Internet of Things）の可能性が注目され、このIoTを利用してモノを操作する、モノの状態を知る、モノ同士で対話するという活用法が実証実験されている。エネコートは、この中でもモノの状態を知るという活用法について注目している。モノの状態を知るためには、様々な数値を計測する必要があり、そのためのセンシング及びデータ取得、さらにデータ解析といったことを行うことでいち早く次の状態を予測することができる。例えば、位置情報検索やドアの開閉状態を利用することによる見守りサービス、植物の生育状態観察、工場や倉庫の在庫情報のデジタル化、河川の氾濫や土砂崩れ等の危険予知などが挙げられる。

IoTに利用するセンサーはトリリオンセンサーとも呼ばれ、2022年度には1兆個ものセンサーが稼働する状況である。この大規模なサンサーを駆動するための電源が問題となっており、乾電池のように交換する必要が無い独立電源型が求められている。その独立電源として太陽電池が注目されている。従来の結晶シリコン太陽電池は、屋根や平地に設置された大規模発電用途として用いられてきたが、室内のように暗いところでは急速に出力が低下してしまい、室内ではほとんど動作できない。そこで、室内でも発電できる太陽電池として、アモルファスシリコン太陽電池が古くから利用されてきた。アモルファスシリコン太陽電池は電卓などに用いられてきているが、100ルクス（飲食店の暗い客席、地下連絡通路などの明るさに相当）を下回る照度になると急激に出力が低下してしまう。そこで、次世代太陽電池として色素増感太陽電池や有機薄膜太陽電池を室内用途として検討する例が報告されているが、室内での出力特性はアモルファスシリコン太陽電池とほとんど変わらないことや、100ルクスを下回る照度になると特性が低下する現象はほとんど変わらないことから、アモルファスシリコン太陽電池に対する優位性を見出すことができていない状況である。一例として、メルクと東京大学から、色素増感太陽電池とペロブスカイト太陽電池を疑似太陽光とLEDで測定し、何れの光量であってもペロブスカイト太陽電池の方が色素増感太陽電池よりも高い変換効率が得られたと報告している[1)]。

2. ペロブスカイト太陽電池について

エネコートが開発しているペロブスカイト太陽電池は、軽量・フレキシブル形状であることが特徴である。そのため、高温プロセスを必要としない製造方法を採用しており、製造時に消費するエネルギー量が少ない。また、ペロブスカイト太陽電池を構成する各層は、それぞれが非常に薄い膜であり、使用する原料が非常に少量である。更に、安価な材料を用いている等の理由も含め、ペロブスカイト太陽電池は少ないエネルギー量で生産することが可能である。図1には、スペインのジャウメ1世大学から報告された、各太陽電池のエネルギーペイバックタイム（ライフサイクル中に投入されるエネルギーと、そのエネルギーを発電によって生み出すまでに必要な稼働期間）を示す[2)]（図1は論文の内容を基にエネコートにて加工・作図した）。図1より明らかなように単結晶シリコン太陽電池や多結晶シリコン太陽電池に比較して、ペロブスカイト太陽電池は一桁小さいエネルギーペイバックタイムであることが試算されている。

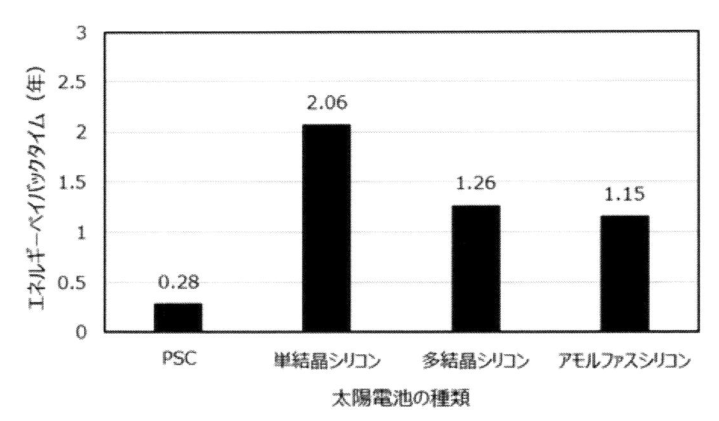

図1　各太陽電池のエネルギーペイバックタイム

表1に既存の太陽電池とペロブスカイト太陽電池の比較を示す。結晶シリコン太陽電池は高照度における発電性能に優れるが低照度ではほとんど発電せず、アモルファスシリコン太陽電池は低照度でも発電するが高照度での発電性能が低い。一方で、ペロブスカイト太陽電池は高照度と低照度の両立

が可能であることが大きな特徴である。また、重量、柔軟性、コスト的なメリットも併せ持つ太陽電池であることが分かる。

表1　既存太陽電池とペロブスカイト太陽電池の比較表

	結晶シリコン	アモルファスシリコン	ペロブスカイト
発電性能(高照度)	◎ 20%超	△10%程度	◎ 20%超
発電性能(低照度)	×殆ど発電しない	○発電する	◎良く発電する
重量	×重い	◎軽い	◎軽い
薄さ(発電層)	△数百μmオーダー	◎数μmオーダー	◎数μmオーダー
柔軟さ	×ない	△ある程度可能	○フィルムで可能
原料・生産コスト	○量産効果で安い	△ある程度安い	○安くなる可能性大
輸送・設置コスト	△ある程度安い	△ある程度安い	○軽いので安い

図2にペロブスカイト太陽電池のデバイス構造を示す。左が順型構造、右が逆型構造と呼ばれている。順型構造においては、ホール輸送層にspiro-OMeTAD（図3に化学構造を示す）という有機化合物を用いた報告例が多い。このspiro-OMeTADは、高温での結晶化により太陽電池特性が大きく低下することが知られているだけでなく[3]、spiro-OMeTADはホールの移動特性を向上するために、多くのドーパントを加える必要がある。そのドーパントが拡散し、長期試験ではペロブスカイト結晶にダメージを与えてしまうことが知られている[4]。

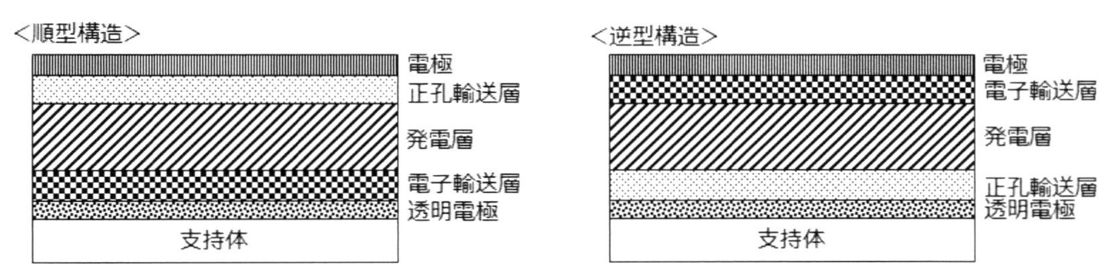

図2　ペロブスカイト太陽電池の順型構造と逆型構造

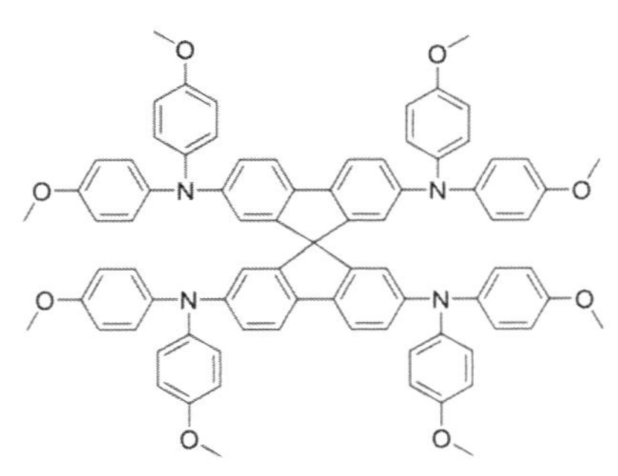

図3　Spiro-OMeTADの構造

エネコートは、spiro-OMeTAD代替のホール輸送材料として逆型構造に注目した。逆型構造のペロブスカイト太陽電池は、光入射側にホール輸送層が設けられたものである。

従来、逆構造において、透明導電膜上に形成されるホール輸送層は、PEDOT：PSS（ポリ（3,4-エチレンジオキシチオフェン）ポリスチレンスルホネート）が多く用いられてきた[5)]。エネコートでは、このホール輸送層に、単分子膜を形成するホール輸送材料を用いて単分子ホール輸送層膜を形成する検討を行っている（図4）。この材料はホール輸送層の膜厚が単分子で構成されるため極限まで薄く、そのため光の吸収量がほとんど無いことが特徴である。また、ホールを輸送する距離も極限まで短いため、電流の損失も非常に少ない優位性を持っている。その結果、変換効率は21％を超える特性が得られている。このホール輸送材料は、spiro-OMeTADのようにドーパントを用いる必要がないので、長期連続試験におけるペロブスカイト層の劣化には優位性があると考えている。長期信頼性試験に関しては、現在検討中である。

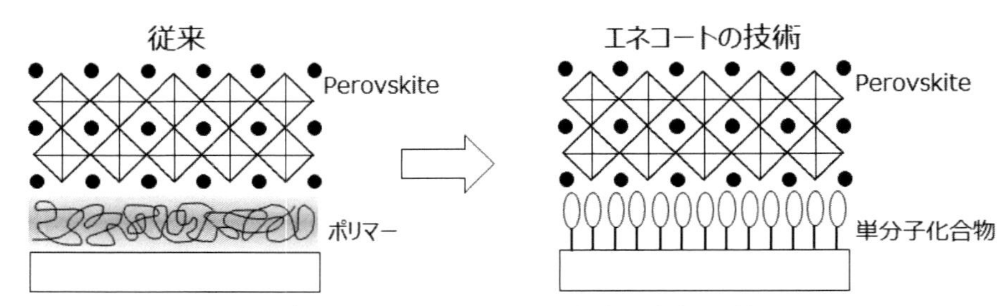

図4　単分子ホール輸送層を用いた場合のデバイス断面図

＜低照度特性＞

エネコートのペロブスカイト太陽電池の低照度（200ルクス）における特性を図5に示す。比較として、現在製品化されている室内向けの太陽電池であるアモルファスシリコン太陽電池の特性も図5に記載した。エネコートのペロブスカイト太陽電池は、電圧、電流共にリファレンスのアモルファスシリコン太陽電池を大きく上回り、結果としてアモルファスシリコン太陽電池の2倍以上の出力を得ることが可能である。

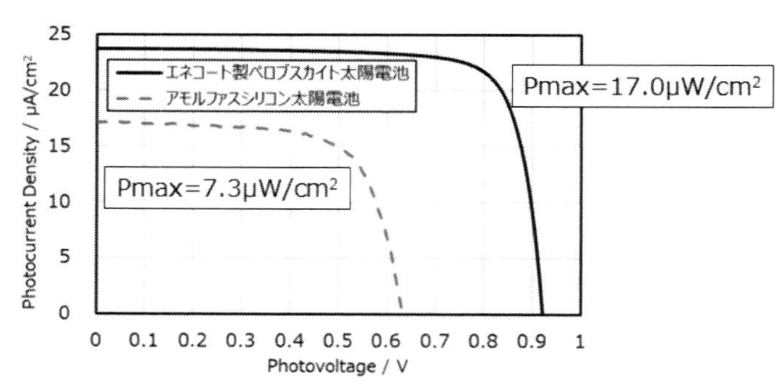

図5　室内光（200ルクス）における太陽電池特性

エネコートのペロブスカイト太陽電池、アモルファスシリコン太陽電池、そして色素増感太陽電池2種（メーカー違い）の照度特性を図6に示す。アモルファスシリコンは、100ルクス程度まで10％近い変換効率を維持するが100ルクスを下回る照度になると急激に変換効率が低下する。同様に、色素増感太陽電池2種類についても、アモルファスシリコン太陽電池と同様に100ルクスを下回る照度で急激に性能が低下することが分かる。対して、エネコートのペロブスカイト太陽電池は照度が低くなるにつれて、効率低下することに変わりは無いが、大きな低下は観測されず、非常に暗い10ルクスでも25％の変換効率を有していた。絶対値だけでなく、照度低下に伴わない特性の維持は、他の太陽電池に比較して大きな優位性を持っていると言える。

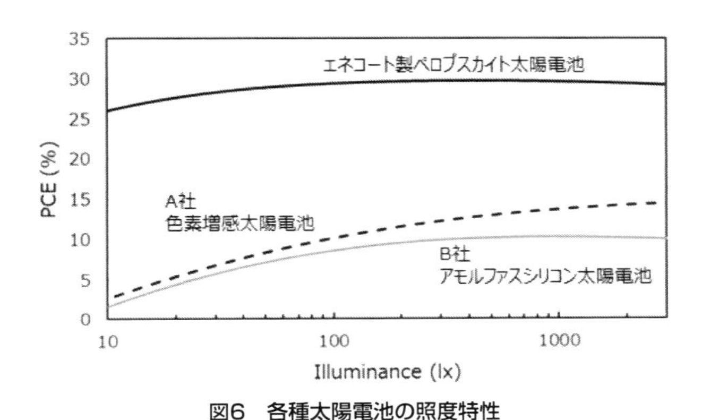

図6　各種太陽電池の照度特性

＜高照度特性＞

エネコートにおける高照度（1sun＝100mW/cm^2）における太陽電池特性を図7に示す。7.5cm角ガラス基板（10段直列モジュール）を用いた時の変換効率は約19％、フィルム基板のおいては約17％の変換効率であった。フィルム基板は透過率や透明電極の抵抗値の問題があるため、ガラス基板に対して特性が低下してしまうため、より高性能なフィルム基板の探索を行って行く。

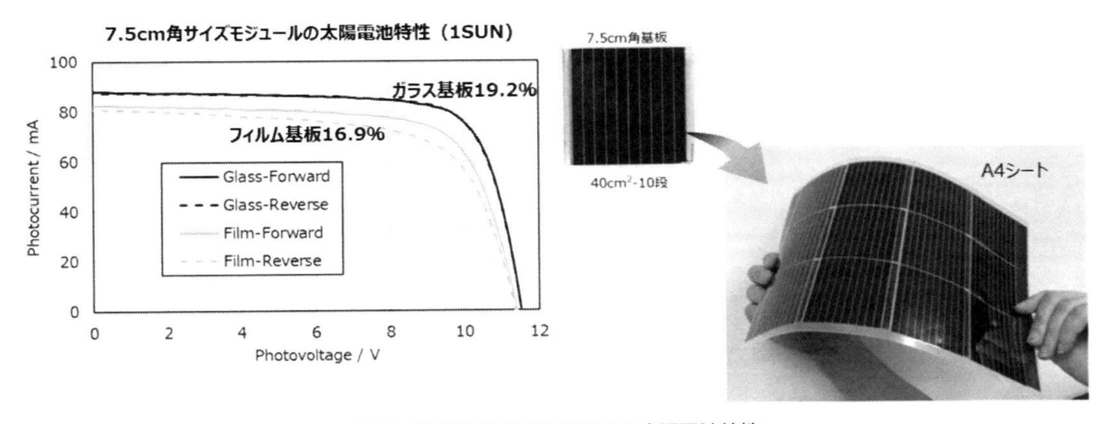

図7　高照度（1SUN）における太陽電池特性

また、エネコートでは図8（左）に示す不活性ガス雰囲気化で自動塗工できる装置を保有している。Sn系ペロブスカイト太陽電池は、微量の酸素でも酸化されてしまい、性能が低下してしまうことが知られている[6]。そこで、本装置を用いてSn系ペロブスカイト太陽電池を作製する検討を行った。作製したSn系ペロブスカイト太陽電池モジュールの外観図を図8（右）に示す。

図8　自動塗工装置の外観（左）とSn系ペロブスカイト太陽電池モジュールの外観図（右）

＜その他の特性＞

ペロブスカイト太陽電池の角度依存性評価の結果を図9に示す。ペロブスカイト太陽電池のユニークな特性として、角度依存性が結晶シリコン太陽電池よりも良好であることが確認された。図9に示すように、光に対して水平に置いた時を0°、垂直に置いた時を90°とした時に、結晶シリコン太陽電池は$\cos\theta$と同じ数値で減衰していくのに対し、ペロブスカイト太陽電池はその値よりも若干ではあるが高い出力を得ることができることが分かった。この理由は明らかではないものの、ペロブスカイト太陽電池は散乱光に強いことや、低照度に強いことなどが影響している可能性が高いと考えている。

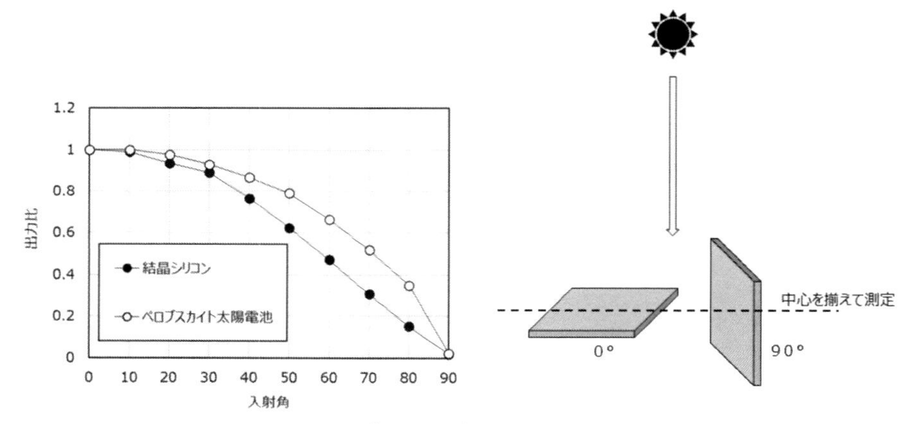

図9　ペロブスカイト太陽電池の角度依存性

ペロブスカイト太陽電池は、そのユニークな特性や、軽量フレキシブルな形状に形成できることから、従来の結晶シリコン太陽電池とは異なる環境（例えば、建物の壁面設置や、北面への設置など）で使用することが期待されている。しかしながら、従来から検討されてきた結晶シリコン太陽電池とは異なり、実際の発電量予測が不明確である。また、実際に屋外に設置した場合の雨や風等による温・温度の影響、紫外線や赤外線などの光の影響などが、ラボにおける加速試験との相関性も不明確である。そこで、結晶シリコン太陽電池の発電量予測を研究している青山学院大学石河先生に協力頂き、ペロブスカイト太陽電池の発電シミュレーションを開発している（図10）。

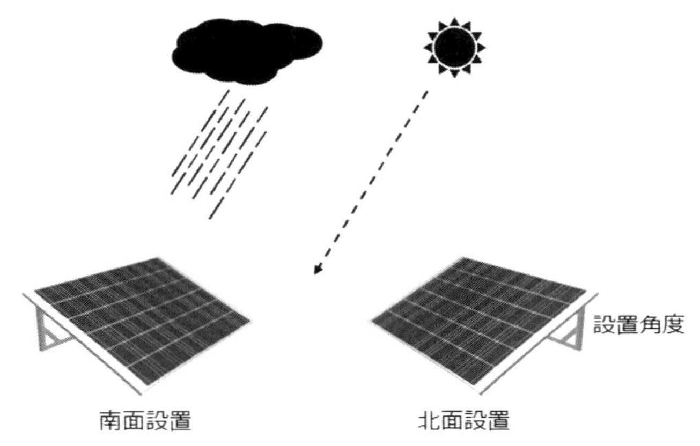

図10　ペロブスカイト太陽電池の屋外実証実験イメージ

ペロブスカイト太陽電池を構成する各層の膜厚、nkスペクトル、バンドギャップ、移動度などのパラメーターを、シルバコ社のTCADに入力してシミュレーションを行った。その結果を図11に示す。図11（左）はペロブスカイト太陽電池の太陽電池特性の実測値とシミュレーション値を示す。Vocが完全には一致していないが、Jsc及びPmaxについてはほぼ同等の結果が得られた。図11（右）は角度依存性の実測値とシミュレーション値を示す。Cosθよりは40～70°の範囲で若干優位な値が得られているが、実測値程の優位性は得られなかった。

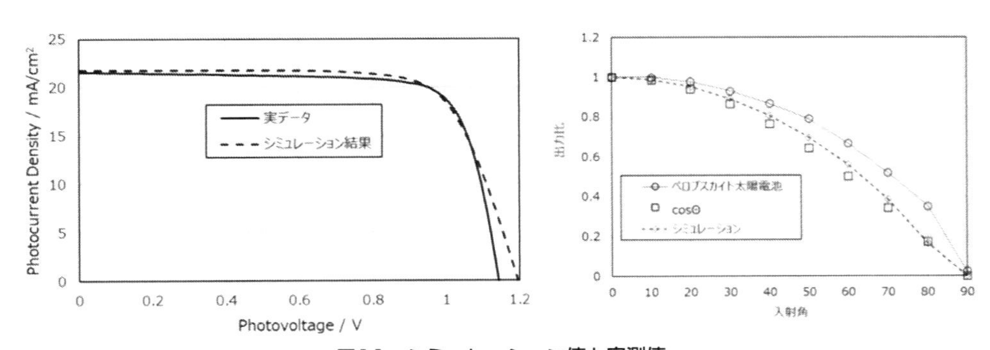

図11　シミュレーション値と実測値

おわりに

エネコートが考えているペロブスカイト太陽電池のアプリケーションは、室内のような暗いところから、非常に強い光が照射される宇宙分野まで多岐に渡り、エネコートでは軽量フレキシブルな形状を生かし、設置する場所を選ばず、どこでも発電し電力を供給するペロブスカイト太陽電池普及させることをミッションとしている。このコンセプトを、私たちは「どこでも電源®」（商標登録第6571381号）と命名した。エネコートは、様々な暮らしに役立つペロブスカイト太陽電池を開発し、早急な製品化の実現を目指す。

参考文献

1）K. Kawata, K. Tamaki, M. Kawaraya, Dye-sensitized and Perovskite Solar Cells as Indoor Energy Harvestor, J. Photopolym. Sci. Technol., 2015, Vol.28, 415

2）R. Vidal, J-A. Alberola-Borràs, N. Sánchez-Pantoja, I. Mora-Seró, Comparison of Perovskite Solar Cells with other Photovoltaics Technologies from the Point of View of Life Cycle Assessment, Adv. Energy Sustainability Res. 2021, Vol.2, 2000088

3）T. Malinauskas, D. Tomkute-Luksiene, R. Sens, M. Daskeviciene, R. Send, H. Wonneberger, V. Jankauskas, I. Bruder and V. Getautis, Enhancing Thermal Stability and Lifetime of Solid-State Dye-Sensitized Solar Cells via Molecular Engineering of the Hole-Transporting Material Spiro-OMeTAD, ACS Appl. Mater. Interfaces, 2015, Vol.7, 11107

4）Z. Li, C. Xiao, Y. Yang, S. P. Harvey, D. H. Kim, J. A. Christians, M. Yang, P. Schulz, S. U. Nanayakkara, C.-S. Jiang, J. M. Luther, J. J. Berry, M. C. Beard, M. M. Al-Jassim and K. Zhu, Extrinsic ion migration in perovskite solar cells, Energy Environ. Sci., 2017, Vol.10, 1234

5)L. Hu, K. Sun, M. Wang, W. Chen, B. Yang, J. Fu, Z. Xiong, X. Li, X. Tang, Z. Zang, S. Zhang, L. Sun, M. Li, Inverted Planar Perovskite Solar Cells with a High Fill Factor and Negligible Hysteresis by the Dual Effect of NaCl-Doped PEDOT:PSS, ACS Appl. Mater. Interfaces, 2017, Vol.50, 43902

6）T. Nakamura, S. Yakumaru, M-A. Truong, K. Kim, J. Liu, S. Hu, K. Otsuka, R. Hashimoto, R. Murdey, T. Sasamori, H. D. Kim, H. Ohkita, T. Handa, Y. Kanemitsu, A. Wakamiya, Sn(IV)-free tin perovskite films realized by in situ Sn(0) nanoparticle treatment of the precursor solution, Nat. Commun., 2020, Vol.11, 3008

7）D. C. Nguyen, F. Murata, K. Sato, M. Hamada, Y. Ishikawa, Evaluation of annual performance for building-integrated photovoltaics based on 2-terminal perovskite/silicon tandem cells under realistic conditions, Energy Sci. Eng., 2022, Vol.10, 1

第3章

ペロブスカイト太陽電池の発電性能評価技術の開発

第3章　ペロブスカイト太陽電池の発電性能評価技術の開発

地方独立行政法人神奈川県立産業技術総合研究所
斎藤　英純

はじめに

有機・無機ハイブリットペロブスカイト結晶を光活性層に有するペロブスカイト太陽電池（PSC）は、溶液塗布による成膜で20％を超える高い光電変換効率が得られることから、低コスト・高効率な次世代太陽電池として注目されており、近年では大面積化、フレキシブル化、モジュール化に関する開発も進められている。しかし、その発電挙動は複雑で色素増感太陽電池（DSC）と同様に電圧変化時の電流応答に遅れがあり、安定するまでの時間を加味しなければ定常出力を評価することができない。さらに、光照射履歴、電圧印可履歴、温度等によって電気的特性が変化することが知られており、従来の太陽電池性能測定の国際標準であるIEC 60904シリーズだけではエネルギー変換効率を定めることが困難である[1)]。

神奈川県立産業技術総合研究所（KISTEC）では大学や企業から提供されたPSCデバイスに対し、標準試験だけでなく照度変化や温度変化など様々な条件下における評価をおこなっている。特に、PSCの大きな特徴である応答遅れについては最も注力している項目である。

本稿ではこれまで評価してきた【再現性の高い評価方法】について説明する。

1．PSCのヒステリシス

DSCは、図1（a）に示すように遅延時間を大きくして充分な安定化時間を確保すれば一義的にヒステリシスが収束するものが多い。一方、PSCは図1（b）のように遅延時間（掃引時間）が小さいときにはヒステリシスが比較的小さく、その後遅延時間の増加とともにヒステリシスも増大し、さらに遅延時間を大きくしていくことでヒステリシスが解消に向かうという挙動を示す。PSCは組成や構造の種類が多く、全てのタイプがこの挙動を示すのかを調査することは不可能だが、これまで複数種類のデバイスにおいて同様の挙動を確認できている。

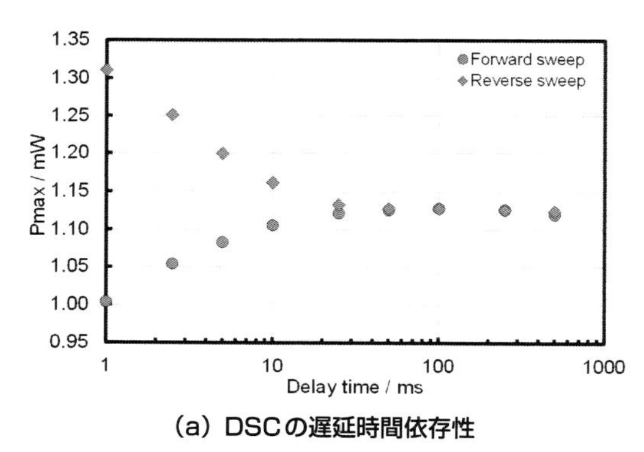

（a）DSCの遅延時間依存性

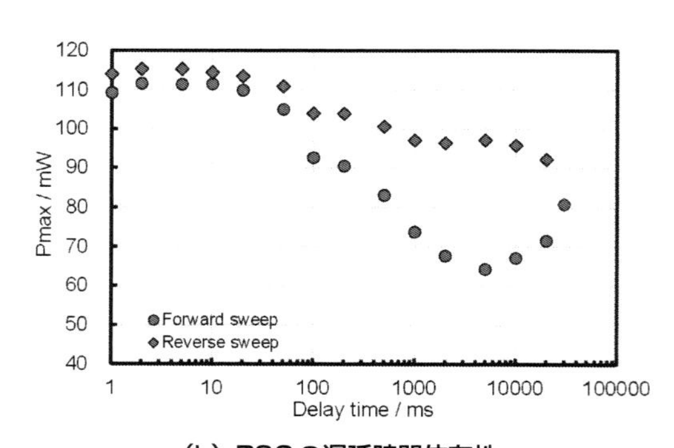

（b）PSCの遅延時間依存性

図1　遅延時間とヒステリシスの関係を表した例

ヒステリシスの原因である応答遅れを実測した例を図2に示す。図2は結晶シリコン太陽電池（c-Si PV）のI-V線図をI-t、V-t線図に変換したもので、応答遅れがないため電流値の変化を示す実線が水平である。一方、図3に示したPSCの電流値は電圧変化に伴い一度大きく低下した後に戻っていく様子、オーバーシュートしている様子が表れている。例は順方向掃引なので電流は下がり過ぎてから徐々に回復していく挙動を示している。オーバーシュートしてから定常状態に戻るまでの時間、つまり電流値を示す線が水平になる時間よりも長い時間を遅延時間に設定しなければヒステリシスの影響を取り除くことができない。しかしながら、この戻り時間はデバイスの固有値なので簡単に決定することはできないうえ、遅延時間を大きく設定するということはそのまま測定時間に反映されるので生産現場においては非常に重要な問題である。

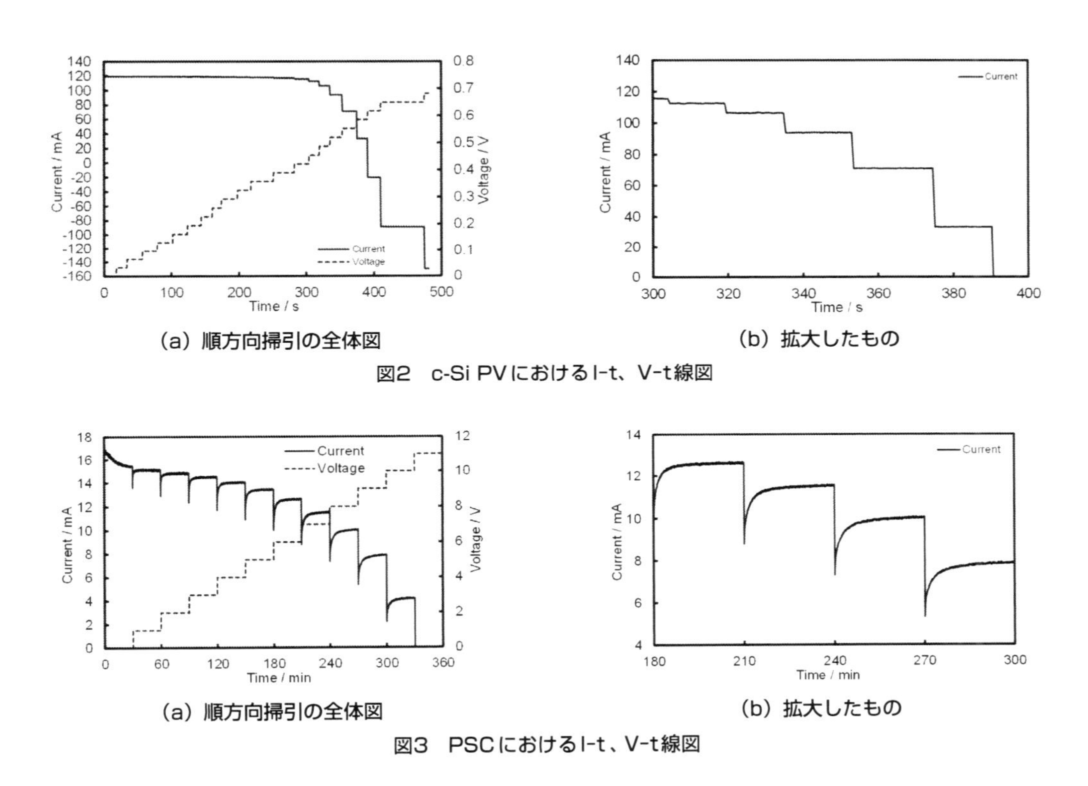

（a）順方向掃引の全体図　（b）拡大したもの

図2　c-Si PVにおけるI-t、V-t線図

（a）順方向掃引の全体図　（b）拡大したもの

図3　PSCにおけるI-t、V-t線図

2.　これまでKISTECで検討してきた評価方法

2.1　Reduced span I-V法

これは電圧掃引範囲を狭めたI-V測定法で、遅延時間を大きく設定するが、電圧掃引範囲を狭めてトータルの測定時間を長くなりすぎないようにするという方法である。最大出力発生電圧を挟むようにして開始電圧と終了電圧を設定し、充分長い遅延時間を設定する。Isc、Voc、FFは別途測定しなければならないので二度手間になるが、特別な機器やプログラムを必要としないという長所を有する。また、電圧掃引範囲が狭いので印可電圧による特性変化を無視することができる。反面、最適な遅延時間を得るためには事前の予備実験が必要になるため複数のデバイスを準備しなければならない。

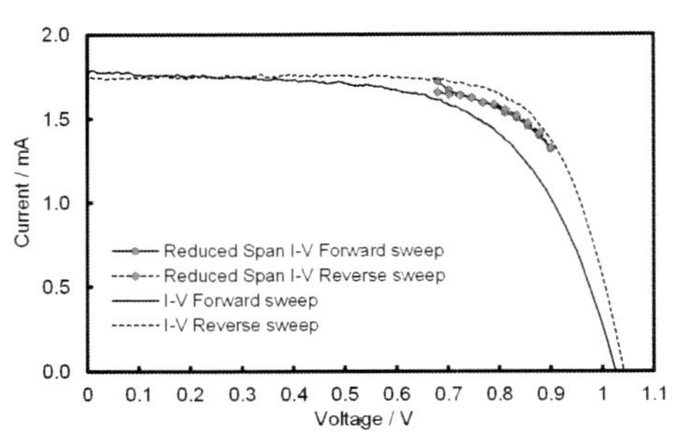

(a) 0VからVocまででの比較

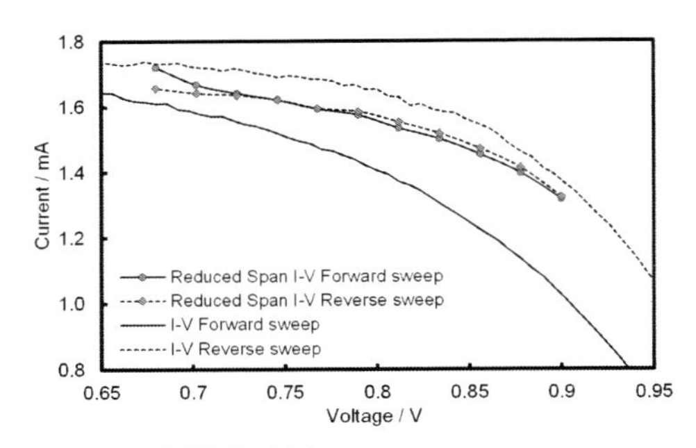

(b) 最大出力付近の拡大（図中矢印の位置がVpm=0.834V）

図4　Reduced span I-V法と通常I-V測定の比較例

2.2　Dynamic I-V法

通常のI-V測定に、電流値の変化を自動判別するアルゴリズムを追加したもので、電流値の変化率が設定された条件を満たした後に次の電圧へ移行する。このとき、電流値の変化率の設定（定常化判断）を厳しく設定してしまうと測定時間が長くなるうえ、ノイズに起因する微小な変化にも影響を受けてしまう。逆に緩めに設定すると安定する前に次の段階へ移行してしまうため測定の精度そのものが低下する。

図5にPSCモジュールをDynamic I-V法で評価した例を示す。(a)は生データであるI-t、V-t線図で、電流値の安定を自動判別するため、グラフの両側、つまりIscに近くてI-V曲線が水平に近い部分の遅延時間が短く、逆にVoc付近では長くなっていることが判る。(b) はI-t、V-t線図から変換したI-V、P-V線図で、ヒステリシスの影響を排除できていることが明らかである。

ソースメータに合わせたプログラムが必要になるが自動判別なので不特定多数のデバイスに対応できるという長所を有する。また、フルスパンで測定すればIsc、Voc、FFも同時に得ることができる。

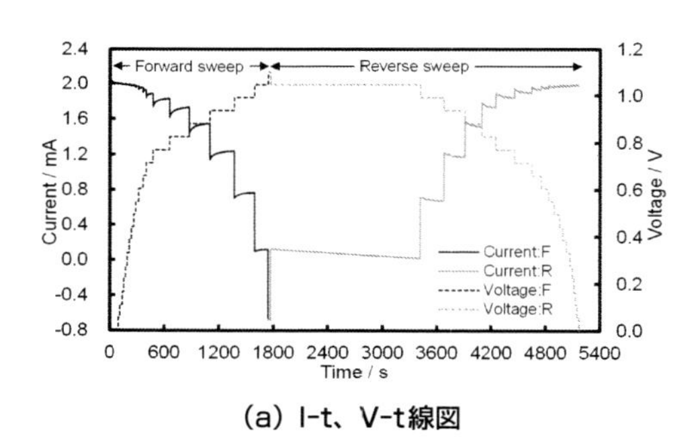

(a) I-t、V-t線図

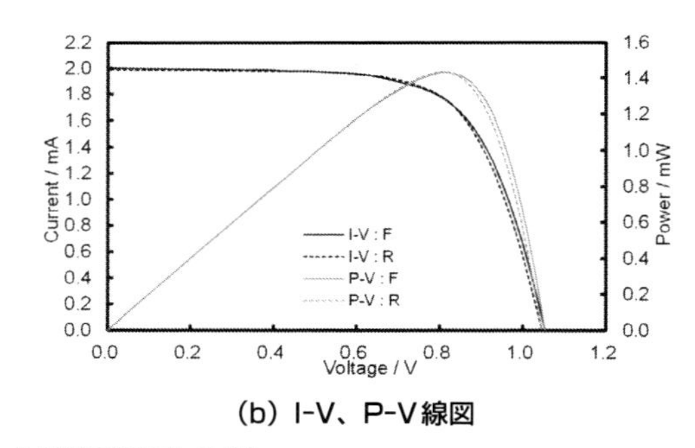

(b) I-V、P-V線図

図5　PSCをDynamic I-V法で評価した例

2.3　MPPT法

MPPT（Maximum Power Point Tracking：最大電力追尾）法とは太陽光発電モジュールの制御用として既に実用化されている手法で、電圧を僅か（±ΔV）に変化させたときの出力を比較し、高い値を示す電圧へ移行することで常に最大出力点を追尾する方法である。前述したように、PSCは電圧印可履歴によって発電性能が変化するものも多いため、最大出力発生電圧付近の狭い範囲だけを掃引する本方法が最有力視され、最大出力の評価方法として国内外の研究機関で検討が進められている。最大出力を追尾する際の具体的な挙動は以下の通りである。

①ある電圧V_1における電流I_1を測定し、$V_1 \times I_1$からP_1を算出する。
②V_1から微小な電圧$+\Delta V$だけ変化させ、その際の電流・電圧からP_{+dV}を算出する。
③V_1から微小な電圧$-\Delta V$だけ変化させ、その際の電流・電圧からP_{-dV}を算出する。
④P_1、P_{+dV}、P_{-dV}を比較し、最も高い出力を示した電圧へ移行する。
⑤移行した後の電圧を基準として①～④の動作を繰り返す。

図6に一般的なMPPTプログラムを使用してc-Si PVをソーラーシミュレータ下で評価した際の結果を示す。(a) は約90秒間の出力の推移、(b) は最大出力を追尾するまでの拡大である。光量一定なので出力も一定となり、応答の早いc-Si PVなので約2秒で安定し、最大出力を追尾し始めていることがわかる。

一方、ヒステリシスを有するDSCやPSCの場合はI-V測定と同様に定常値判断が重要になる。MPPT法における電圧掃引範囲が非常に狭いとはいえ、電圧を変化させればヒステリシスの影響を受けてしまう。電圧変化時の電流値が定常値に達する前に次の過程へ移行してしまうと最大出力を見失って発振現象を起こすことがある。図7に遅延時間の設定が不適切だったため実際に発振を起こした例を示す。

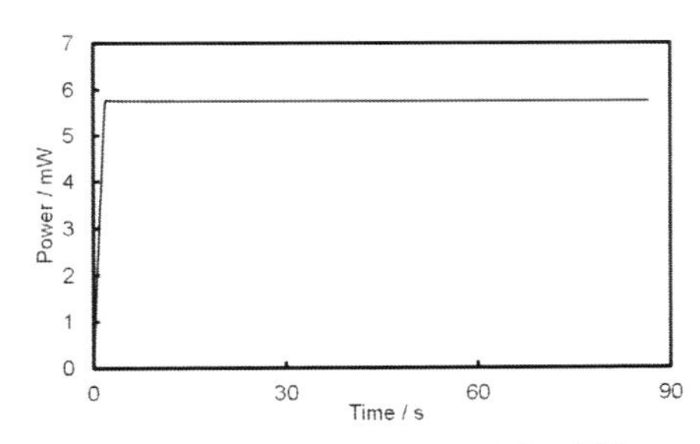

(a) 測定開始後約90秒間の出力の推移

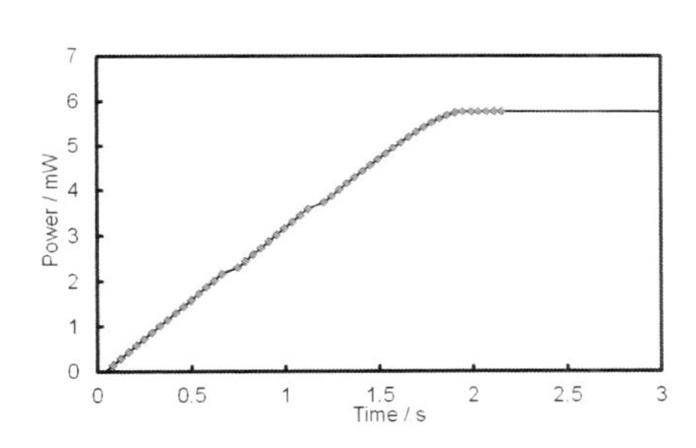

(b) 最大出力を追尾するまでの拡大

図6　結晶Si太陽電池のMPPT測定結果

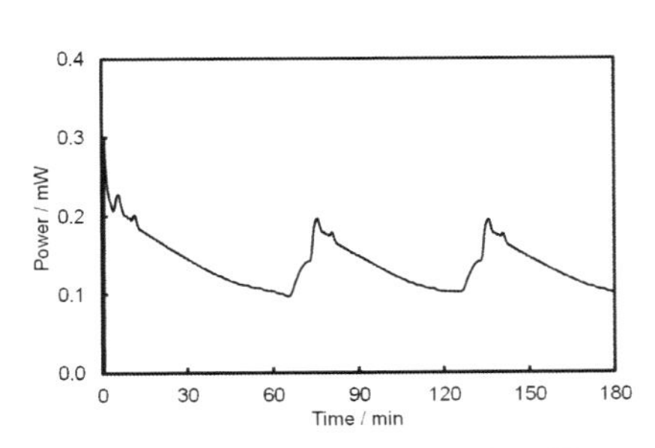

図7　MPPTの条件設定が不適切で発振を起こした例

発振を防止し、再現性の高い測定をおこなうためDynamic I-V法と同じく電流値の安定化を自動判別するアルゴリズムを追加したMPPT法を開発した[2)]。図8にKISTECで開発した発振防止プログラムのフローチャートを示す。

グレーの点線で囲まれたルーチンAは、発振防止の第一歩として定常出力を求める手順を表している。電流値の安定を判断して次の段階へ移行するかどうかを決める部分だが、これまで様々な条件で実験を実施して現在は10秒あたりの変化率が0.01％未満という条件を採用している。しかしながら、このように定常判断を厳しく設定してもヒステリシスの度合いによっては発振を引き起こす場合もある。

そこで、第二段階として電圧を変化させる方向を揃えるというアルゴリズムを導入した。グレーの長破線で囲んだルーチンBである。

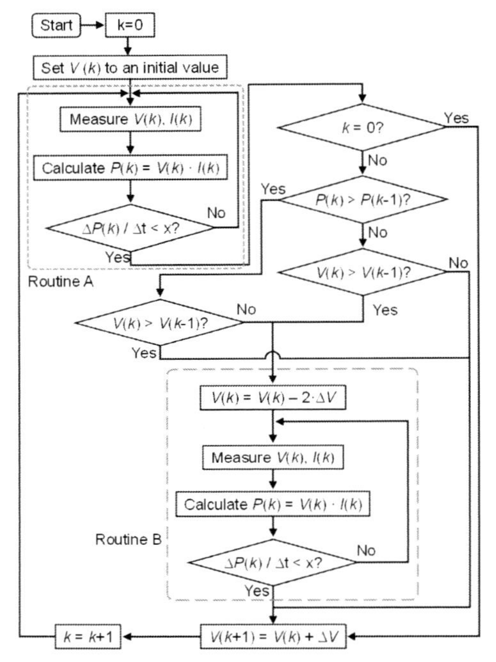

図8　KISTECで開発したMPPT測定法のフローチャート

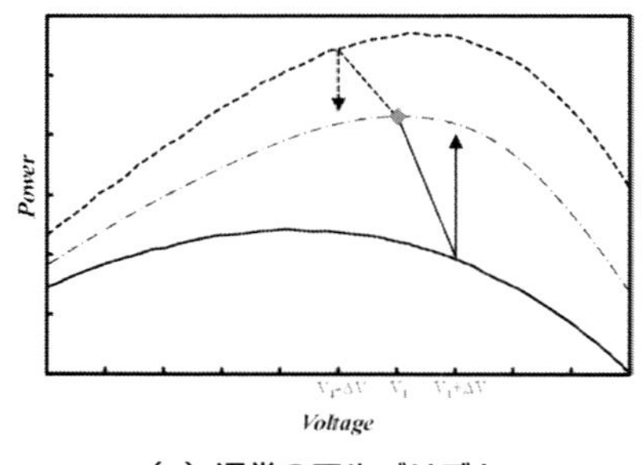

(a) 通常のアルゴリズム

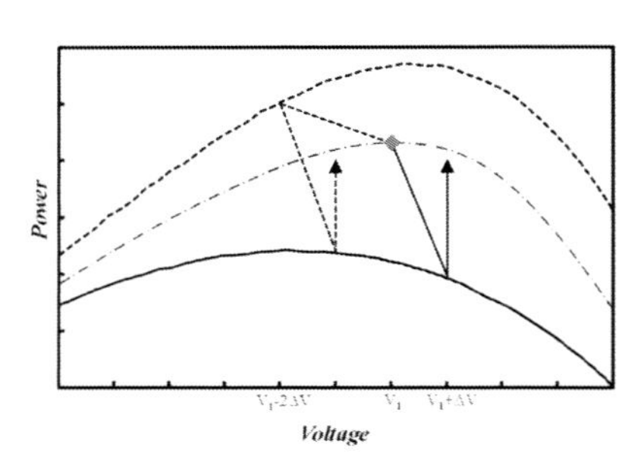

(b) 掃引方向を揃えるアルゴリズム

図9　ヒステリシスを有するデバイスのP-V線図（模式図）

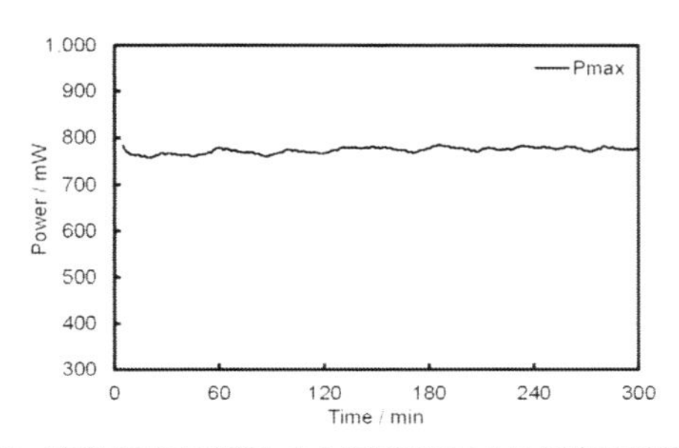

図10　KISTECで開発したMPPT法による測定結果の一例

これまでに述べてきたように、ヒステリシスを有するデバイスに対して電圧掃引した場合、電圧増加（順掃引方向）の際には電流値が下がり過ぎてから戻る過小評価に、逆に電圧減少（逆掃引方向）の場合は電圧が上がり過ぎてから戻る過大評価を示す。このように過小評価側・過大評価側へと正反対の方向へ掃引することがヒステリシスをより強調させることになるのではないかと考え、掃引方向を揃えるようにしたアルゴリズムがルーチンBである。

図9にヒステリシスを有するデバイスのP-V線図の模式図を示す。実線は順方向掃引におけるP-V曲線、点線は逆方向掃引におけるP-V曲線、黒い点線は定常値に達した際のP-V曲線である。

(a) は通常のアルゴリズムによりトラッキングした場合の図で、現在の値V_1（菱形）から＋ΔV変化させて過小評価から定常値へ向かう状態（実線の矢印）と－ΔV変化させて過大評価から定常値へ向かう状態（点線の矢印）を表したものである。

(b) がルーチンBを表した図で、－ΔV変化させるために一度－2ΔV掃引し、その後＋ΔV変化させた状態である。最終的には－ΔVだけ変化させるのだが【$V_1-2\Delta V+\Delta V=V_1-\Delta V$】という過程を経ていくことが特徴である。この場合、両方とも過小評価側から定常値へ向かうので、過大評価を避けられるというメリットもある。

このアルゴリズムを追加したことにより測定の安定性が著しく向上し、定常光下であれば数時間に及ぶ測定も可能となった。

現在は、このプログラムの発展型として日射量が変化した際のヒステリシスによる応答遅れと安定化時間とのバランスを考慮した実使用環境下において性能評価を行えるプログラムを検討中である。

おわりに

ペロブスカイト太陽電池は、組成、構造、添加物などバリエーションに富んでおり、しかも現在世界中で盛んに研究が進められているデバイスであるため今後どのような系が主流になるのか判らない状態である。

しかし、どの場合においてもオシロスコープや電流計などを使用して基本的な特性、特に時間応答性を把握することが正しい評価に繋がる。KISTECでは今後も他機関との連携を通じて数多くのペロブスカイト太陽電池を評価し、研究へフィードバックできるよう努めていく所存である。

参考文献

1) IEC 60904-1, Measurement of photovoltaic current-voltage characteristics, 2nd edition: 2006-09.

2) Hidenori SAITO, Daisuke AOKI, Tomoyuki TOBE, and Shinichi MAGAINO, Electrochemistry, 88(3), 218–223 (2020)

第 4 章

ペロブスカイト太陽電池における特許動向

第4章　ペロブスカイト太陽電池における特許動向

SK弁理士法人　奥野　彰彦

はじめに

2020年代は環境革命の時代と言われ、日本政府の菅政権および岸田政権においても、温室効果ガスの排出をプラスマイナスゼロにすることを目指す「カーボンニュートラル」が目玉政策として掲げられている。

そして、「次世代型太陽電池に関する国内外の動向等について」（2022年11月資源エネルギー庁）[1] にも述べられているように、この「カーボンニュートラル」を実現するべく、太陽光発電の導入を拡大するためには、立地制約の克服が鍵となると予想される。しかしながら、日本は既に平地面積あたりの導入量は主要国で1位であり、地域と共生しながら、安価に事業が実施できる太陽光発電の適地が不足している。そのため、既存の技術では設置できなかった場所（耐荷重の小さい工場の屋根、ビル壁面等）にも導入を進めるため、軽量・柔軟等の特徴を兼ね備え、性能面（変換効率や耐久性等）でも既存電池に匹敵する次世代型太陽電池の開発が不可欠になっている[1]。

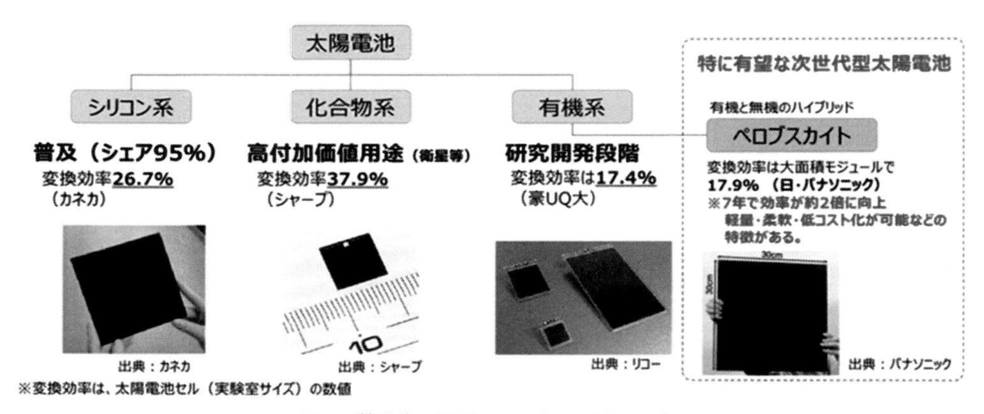

図1　戦略的に開発すべき太陽電池の選定
次世代型太陽電池に関する国内外の動向等について
（2022年11月　資源エネルギー庁）より引用

これまで様々な種類の太陽電池が開発され、大きくシリコン系、化合物系、有機系の3種類に分類されているが、現在普及している太陽電池の95％以上はシリコン系太陽電池である。また、シリコン系以外の太陽電池の一部は、既に実用化しているものの、現状ではコストを含む性能面でシリコン系に対して競争力を持つ見込みが立っていない状況である。しかしながら、桐蔭横浜大学の宮坂力特任教授によって生み出された、有機系のペロブスカイト太陽電池は、直近7年間で変換効率が約2倍に向上（シリコン系の約4倍のスピード）するなど、飛躍的な成長を遂げており、シリコン系に対抗しうる太陽電池として有望視されている。

しかしながら、日本経済新聞「日本発も海外勢が先行発明者、国際特許取らず」（2021年9月3日）[2]

によれば、ペロブスカイト型太陽電池は日本生まれの技術だが、知的財産をみると大きな穴があると報道されている。なぜなら、発明した桐蔭横浜大学の宮坂力特任教授は、出願手続きに多額の費用がかかることなどが理由で、技術の基本的な部分について海外で特許を取得していないためである。そのため、ペロブスカイト型太陽電池の量産化においては、特許使用料を支払う必要がない海外企業の先行を許している状況である。

歯に衣をきせずに言えば、日本勢が、ペロブスカイト型太陽電池の量産化で先行している欧米中韓などの海外勢に対抗して、今からペロブスカイト型太陽電池の世界で技術覇権を握るのは茨の道であると言ってもよいだろう。もっとも、ペロブスカイト型太陽電池の特許ポートフォリオを分析してみると、日本勢は特許ポートフォリオの面でまだある程度の優位を保っており、その点に一抹の希望があるかもしれない。本章では、2020年代の環境革命の時代に、日本の産業界がペロブスカイト型太陽電池の分野で技術覇権を確立するための知財戦略について解説したい。

1. スガノミクス＋キシダノミクスのカーボンニュートラル宣言の衝撃

2020年10月26日の第203回臨時国会の所信表明演説で、菅義偉首相が、2050年にカーボンニュートラルを目指すという宣言をしたシーンを覚えておられる読者諸兄も多いと思われる。さらに、2021年4月22日に開かれた地球温暖化対策推進本部では、菅義偉首相が、2030年度に温室効果ガスを2013年度から46％削減することを表明して産業界に驚きが走った。この政策目標については、小泉進次郎環境大臣の「くっきりとした姿が見えているわけではないけど、おぼろげながら浮かんできたんです。46という数字が。シルエットが浮かんできたんです。」という名言を思い出した方もおられるかもしれない。

そして、これらの政策目標を実現するための具体策として、2050年カーボンニュートラルに伴うグリーン成長戦略[3]が2021年6月18日に大幅に改定された。しかしながら、実は、この改定時点で、日本は、すでに過去に比べて大幅な二酸化炭素ガスの排出量の削減に成功していたことにご留意いただきたい。特に、日本の産業界による二酸化炭素ガスの排出量の削減は素晴らしいものであり、すでに乾いた雑巾を絞るような状況であった。この改定された計画は、そこからさらに大幅な削減目標を積み増した過酷なものであった。

もっとも、このグリーン成長戦略には、ある意味で経済成長を促すプラスの側面もあるのも事実である。とりわけ、日本政府が、「次世代型太陽電池に関する国内外の動向等について」（2022年11月資源エネルギー庁）[1]に示されるように、日本国内の太陽光発電の導入目標として2030年に電源構成比14～16％、発電電力量1,290～1,460億kWhというという非常に意欲的な目標を明示したことは注目に値する。

日本政府は、この導入目標を達成するために、次世代型太陽電池の開発に国費負担額：上限498億円の大型の研究開発の支援を行う予定である。この国家プロジェクトでは、太陽光の拡大には、立地制約の克服が鍵となるため、ビル壁面等に設置可能な次世代型太陽電池（ペロブスカイト太陽電池）の開発が必要であると明記されている。また、現在、欧米や中国等でも開発が急速に進展しているために油断はならない状況ではあるが、日本は、ペロブスカイト太陽電池の開発でトップ集団に位置（世界最高の変換効率を記録）していると分析されている。この国家プロジェクトでは、研究開発段階から、製品化、生産体制等に係る基盤技術開発から実用化・実証事業まで一気通貫で取り組み、2030年を目途に社会実装を目指すこととされている。

この国家プロジェクトの体制は、下図のように産学官連携の枠組み[4]となっている。

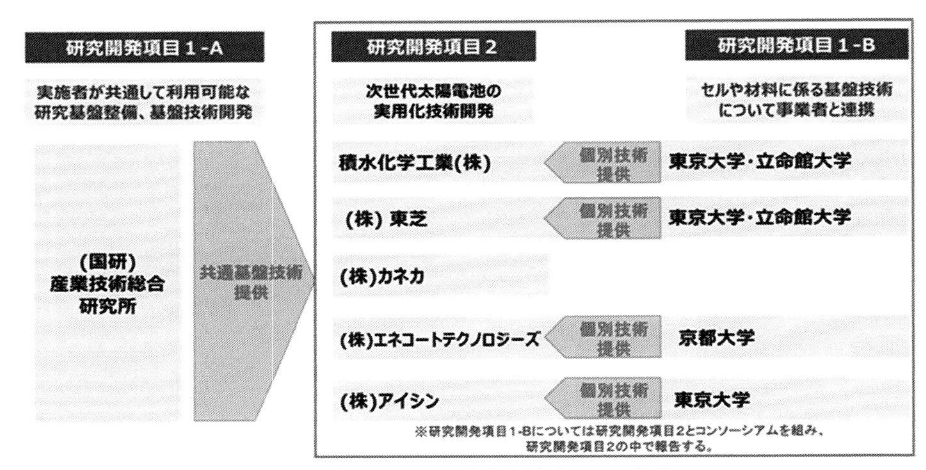

図2　プロジェクトの実施体制（イメージ図）
グリーンイノベーション基金事業／次世代型太陽電池の開発　2022年度WG報告資料
新エネルギー部2022年11月29日
国立研究開発法人新エネルギー・産業技術総合開発機構より引用

そして、具体的な事業の目的・概要としては、ペロブスカイト太陽電池の実用サイズモジュール（900cm^{2}以上）の作製技術を確立するとともに、一定条件下で発電コスト20円／kWh以下を現する要素技術を確立するため、製品レベルの大型化を実現するための各製造プロセス（例えば塗布工程、電極形成、封止工程など）の個別要素技術の確立に向けた研究開発を行うこととしている。また、これら研究開発を行う事業者の目標達成に必要なセルや材料に係る基盤技術開発を行うこととしている。

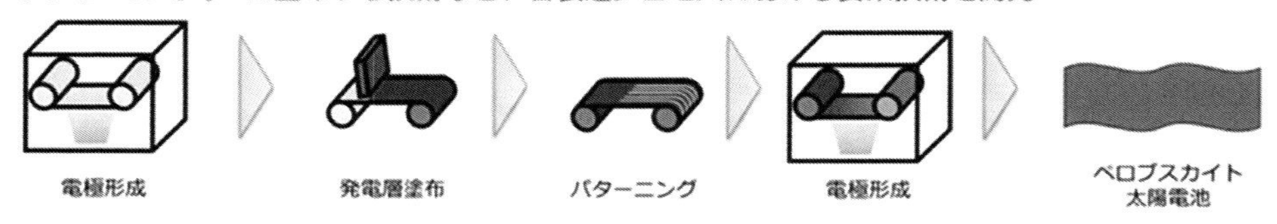

図3　事業イメージ
次世代型太陽電池に関する国内外の動向等について
（2022年11月　資源エネルギー庁）より引用

もっとも、果たして、日本勢が、このような意欲的なマイルストーンを達成して、欧米中の強力なライバルに打ち勝って、ペロブスカイト太陽電池の技術覇権を実現して、日本経済にプラスの影響を与えることができるか、私見ながらやや疑問に思わなくもない。しかしながら、ここ最近の世界的な自然エネルギーの普及状況を鑑みれば、このような意欲的な導入目標もあながち無理な目標とも言えないかもしれない。

例えば、日本経済新聞の報道[5]によれば、国際エネルギー機関（IEA）は2022年10月、2022年の再生エネ発電容量の伸び率の予測を2022年5月時点の前年比8％から20％に引き上げている。この報道によれば、現状の政策を進めるだけでも、世界全体の発電量は2030年に2021年のざっと2倍になり、米中は2倍前後、インドは3倍近くになると予測されている。この報道では、「気候変動ではなく、エネ安保が各国をクリーンエネルギーにシフトさせている」というIEAのビロル事務局長の分析も紹介されている。なぜなら、再生エネルギーは自国領内に吹く風や、降り注ぐ太陽で電気をつくることができ、自国産エネルギーになるためである。

2.　世界的な自然エネルギーの普及の急加速

この世界的な自然エネルギーの普及の流れは、最近のコロナショックおよびロシアのウクライナ侵攻によって急拡大している[6]。つまり､コロナショックによって世界的なエネルギーのサプライチェーンに大混乱が起こっていたところに、さらにロシアのウクライナ侵攻が重なって、アメリカによるロシアに対する厳しい経済制裁のせいで、世界中で安価な原油や天然ガスの調達が困難になってエネルギー危機が起こったために、自然エネルギーの需要が急拡大したのである。なぜなら、ロシアから原油や天然ガスを輸入しなくても、風力や太陽光であれば自国内で発電可能であるため、エネルギー安全保障の観点から再生エネルギーへのシフトが加速したのである。このように、世界的に、単なる環境保護のためではなく、ロシアの原油や天然ガスに頼らずに自主エネルギー源を確保するという意味で自然エネルギーの普及が加速している。

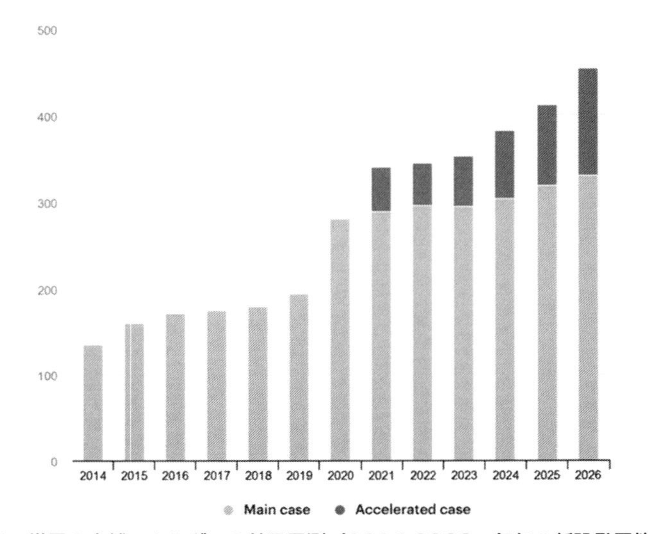

図4　世界の自然エネルギーの普及予測（2014-2026　毎年の新設発電能力）
IEA, Annual renewable electricity capacity additions, main and accelerated cases, 2014-2026, IEA, Paris https://www.iea.org/data-and-statistics/charts/annual-renewable-electricity-capacity-additions-main-and-accelerated-cases-2014-2026, IEA. Licence: CC BY 4.0

この自然エネルギーのタイプ別の普及状況を、最近のコロナショックの前後にしぼって詳しくみても、やはり、下記のように、太陽電池と風力発電を中心とするかたちで急激な普及が進んでいることがわかる[7)]。

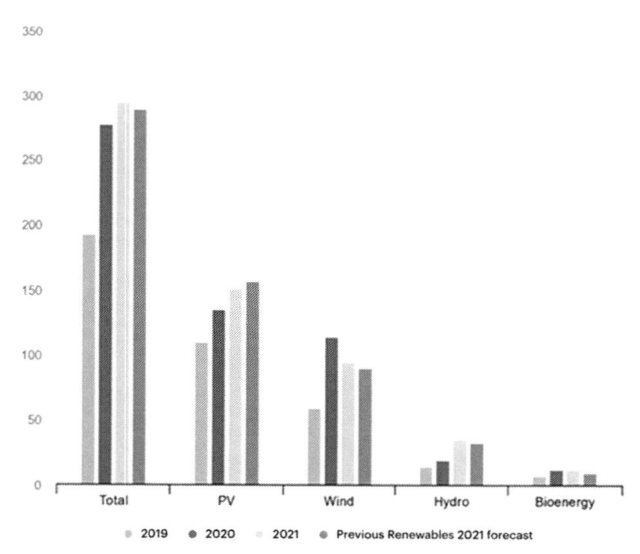

図5　世界の自然エネルギーのタイプ別の普及状況（2019-2021　毎年の新設発電能力）
IEA, Renewable net capacity additions, 2019-2021, IEA, Paris https://www.iea.org/data-and-statistics/charts/renewable-net-capacity-additions-2019-2021, IEA. Licence: CC BY 4.0

3. 自然エネルギーに関する特許出願動向

本分析では、まずは、ペロブスカイト太陽電池を含む上位概念である自然エネルギーに関する特許出願動向について、信頼できる公的なパテントマップである、WIPOマガジン　再生可能エネルギーに関する特許の傾向（2020年3月 著者James Nurton、フリーランスライター）[8] にもとづいて述べていきたい。

このWIPOの分析によれば、図6が示すように、PCTに基づいて提出および公開された再生可能テクノロジー関連の国際出願の総数は、2002年から2012年まで毎年増加し、ピーク時には4,541件を記録にしたことがわかる。しかしながら、それ以来、出願の数は2013年から2018年まで毎年減少した後に、2019年にわずかに増加した状況である。

この分析をみれば、再生可能エネルギーの成長率は見事であることがわかる。とりわけ、2002年から2012年にかけて、公開された再生可能エネルギー関連のPCT特許出願数は547％増加しており、イノベーションが促進されていた10年であったことがわかる。また、PCT国際公開の総数は2012年のピーク以降一旦は減少したものの、それでも2019年の総数は2002年の3.5倍であることから、相変わらず活発な研究開発が行われていることがわかる。

公開年	再生可能エネルギー合計
2002	831
2003	1,084
2004	1,123
2005	1,464
2006	1,701
2007	2,048
2008	2,575
2009	3,090
2010	3,662

公開年	再生可能エネルギー合計
2011	4,272
2012	4,541
2013	4,308
2014	3,556
2015	2,752
2016	2,477
2017	2,606
2018	2,689
2019	2,863

出展：WIPO経済統計部

図6　再生可能テクノロジー関連の国際出願の総数の推移
WIPOマガジン　再生可能エネルギーに関する特許の傾向
（2020年3月 著者James Nurton、フリーランスライター）より引用

また、このWIPOの分析では、再生可能エネルギーのタイプ別の解説も行われている。つまり、再生可能エネルギー関連のPCT出願の総数は、太陽光発電、燃料電池（化学反応による発電）、風力エネルギー、地熱（地中の熱を利用）の4つの主要セクターに分類できる。そして、2002年以降の最も注目すべき傾向は、下記の図7に示すように、太陽光発電テクノロジーの発展が凄まじい点である。太陽光発電テクノロジーは、2002年に、公開された再生可能エネルギー関連のPCT出願の4分の1強を占め、さらに2019年には半分以上を占めるようになっている。

公開年	太陽光	燃料電池	風　力	地　熱
2002	218	488	120	5
2003	239	640	194	11
2004	252	696	170	5
2005	403	902	148	11
2006	526	971	193	11
2007	722	1,045	263	18
2008	997	1,173	385	20
2009	1,536	976	530	48
2010	2,026	834	767	35
2011	2,522	854	848	48
2012	2,691	883	914	53
2013	2,465	921	875	47
2014	1,846	949	714	47
2015	1,290	819	608	35
2016	1,296	647	508	26
2017	1,374	577	619	36
2018	1,363	571	713	42
2019	1,479	537	807	40

出展：WIPO経済統計部

図7　再生可能テクノロジーのタイプ別の国際出願の件数の推移

WIPOマガジン　再生可能エネルギーに関する特許の傾向
（2020年3月 著者James Nurton、フリーランスライター）より引用

また、国別の状況を調べてみると、また違った傾向が見えてくる。このWIPOの分析によれば、2010年から2019年までの10年間で、再生可能エネルギー全般、太陽電池、燃料電池の技術に関する特許出願の総数において日本が圧倒的に優位な地位を占めていることが分かる。一方、米国は地熱テクノロジーで優位を確保しており、風力エネルギーではデンマークおよびドイツを含む欧州勢が圧倒的に優位な特許ポートフォリオを構築していることがわかる。

2010年-2019年					
上位国名	再生可能エネルギー合　計	太陽光	燃料電池	風　力	地　熱
日　本	9,394	5,360	3,292	702	40
米　国	6,300	3,876	1,391	927	106
ドイツ	3,684	1,534	813	1,309	28
韓　国	2,695	1,803	504	360	26
中　国	2,659	1,892	189	555	23
デンマーク	1,495	52	81	1,358	4
フランス	1,226	660	348	184	34
英　国	709	208	271	218	12
スペイン	678	341	29	300	8
イタリア	509	316	57	123	13

出展：WIPO経済統計部

図8　再生可能テクノロジーの国別およびタイプ別の国際出願の件数の推移
WIPOマガジン　再生可能エネルギーに関する特許の傾向
（2020年3月 著者James Nurton、フリーランスライター）より引用

ついで、2050年カーボンニュートラルに伴うグリーン成長戦略のために設けられたグリーンイノベーション基金の設立にともなう公的な報告書である、グリーンイノベーション基金事業の今後の進め方について、令和3年3月4日経済産業省[9]に、アスタミューゼ社が提供された貴重な資料が掲載されているので参考のために紹介したい。

この資料では、2050年カーボンニュートラルに伴うグリーン成長戦略において掲げられた重点14分野の「実行計画」に記載のある技術領域おいて、研究開発費に連動する特許出願動向がわかりやすく整理されている。そして、この分析結果をみると、2010年から2019年にかけて、環境関連技術の高度化・関連市場の拡大に伴い、多くの分野で研究開発活動は活発化傾向にあることがよくわかる。また、日本企業は、特に、自動車・蓄電池、水素の分野において、高い国際競争力を有していることもわかる。また、日本企業は、住宅・建築物／次世代型太陽光の分野でも、それなりに高い国際競争力を有していることもわかる。

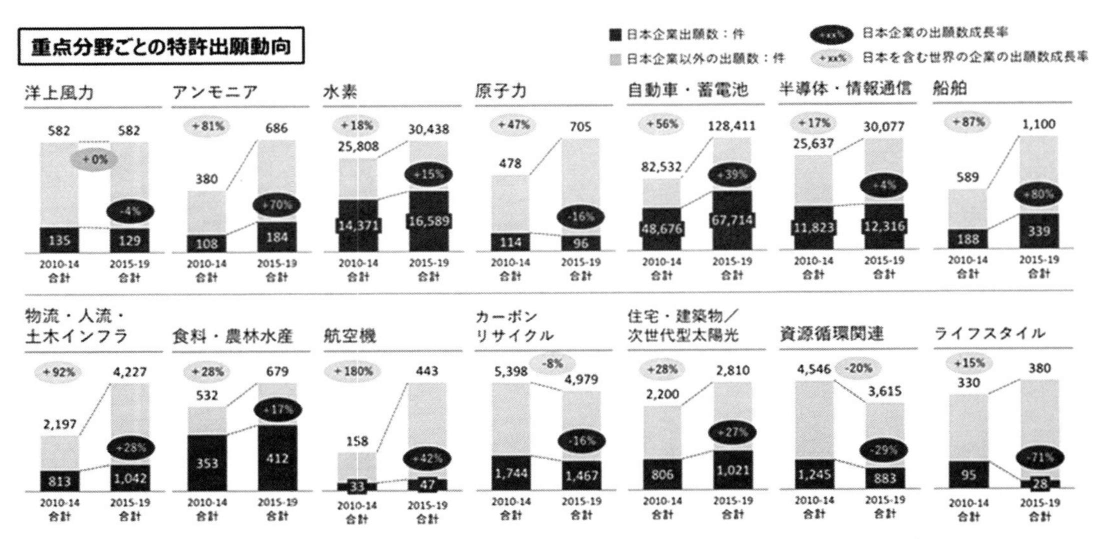

（出所）アスタミューゼ社による分析（「実行計画」に記載のある技術開発要素の特許出願数のトレンドを各分野毎に整理、日本企業とは日本に本社を有する企業を指す）
※日米欧WIPOの特許出願数を比較

図9　重点分野における研究開発動向と国際競争力
グリーンイノベーション基金事業の今後の進め方について
令和3年3月4日経済産業省より引用

4.　ペロブスカイト型太陽電池に関する特許出願動向

続いて、本分析では、信頼できる公的なパテントマップである、特許庁のパテントマップ（令和元年度大分野別出願動向調査 ――般分野― ニーズ即応型の技術動向調査 テーマ名：「ペロブスカイト太陽電池」）[10] に即してペロブスカイト型太陽電池の特許出願動向について述べていきたい。

この文献によれば、ペロブスカイト太陽電池は、チタン酸カルシウムの結晶構造を発見したLev. Perovskiにちなんで命名された「ペロブスカイト」と呼ばれる結晶構造をもつ材料を光吸収層に用いており、2009年に桐蔭横浜大学宮坂力教授により報告された日本発の次世代型太陽電池であると説明されている。そして、塗布技術で作製できること、フレキシブルで軽量な太陽電池を安価に提供できること等の可能性があり、世界中で実用化に向けた研究開発が活発に進められていると説明されている。また、下記のNRELのグラフにもあるように、近年20％を超える変換効率が達成されており、従来の太陽光発電では設置が困難な場所への適用が期待されているとも述べられている。さらに、ペロブスカイト太陽電池の世界市場予測として、2019～2024年にかけて年平均成長率が36％と大きく、2019年2億700万ドルから2024年12億7千万ドルまで成長すると予測されている。

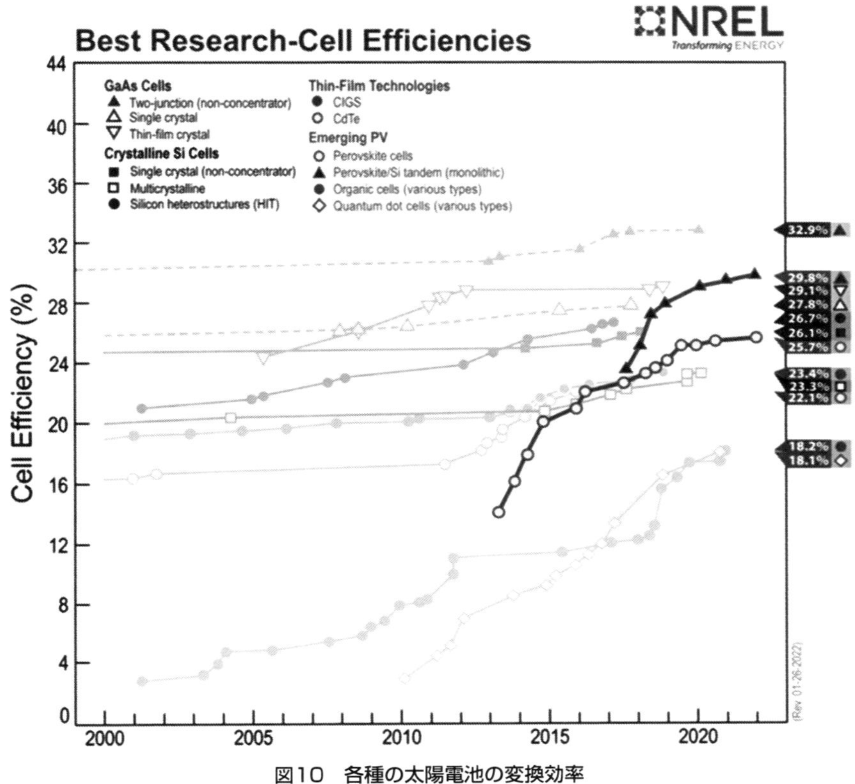

図10　各種の太陽電池の変換効率
Efficiency records for perovskite PV cells compared to other PV technologies, with current records of 25.7% for single junction perovskite devices and 29.8% for tandem perovskite-silicon devices (as of January 26, 2022).
National Renewable Energy Laboratoryより引用

また、別の文献（グリーンイノベーション基金事業／次世代型太陽電池の開発 2022年度WG報告資料　新エネルギー部2022年11月29日 国立研究開発法人新エネルギー・産業技術総合開発機構）[4]によれば、下記の図11に示すように、ペロブスカイト太陽電池の効率競争は激しいが、特に実用化に向けたミニモジュール等で日本勢（東京大学、パナソニック、東芝など）が上位に位置していると分析されている。

種類・分類		変換効率（%）	面積（cm²）	開発機関	達成（発表）年月
ペロブスカイトセル	小面積セル（～0.1cm²）	**25.72**	＜0.1	韓国エネルギー技術研究院（KIER）／スイス連邦工科大学ローザンヌ校（EPFL）	（2022年1月）
		25.7	0.09597	蔚山科学技術大学校（UNIST）	2021年11月
	小面積セル（～1cm²）	24.9	0.995	日・東京大学	（2020年11月）
		23.7	1	中国科学技術大学（USTC）	2022年5月
	フレキシブル（超薄型ガラス基板）	**22.6**	-	伊・ローマ・トルヴェルガタ大学／独・フラウンホーファー電子・プラズマ技術研究所（FEP）	（2020年5月）
ペロブスカイトモジュール	小面積モジュール（ガラス基板）	**22.87**	24.63	スイス・EPFL／中・西安交通大学ほか	（2022年5月）
		21.6	2.76	日・東京大学	（2021年10月）
	ミニモジュール（ガラス基板）	**18.2**	756	中・UtmoLight Technology（極電光能科技）	2022年9月
		17.9	804	日・パナソニック	2020年1月
	ミニモジュール（フィルム基板）	15.1	703	日・東芝	（2021年9月）
	大面積モジュール（ガラス基板）	**15.3**	2,925	中・GCL Nano Science	（2019年12月）

出典：各種論文、各社資料より（株）資源総合システム作成（2022年10月31日現在）

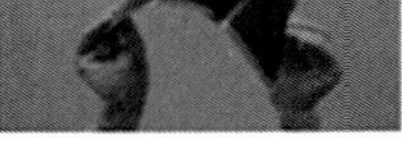

（株）東芝のフレキシブルモジュール

パナソニック（株）のモジュール（世界最高記録）

東京大学のセル

図11　各種の太陽電池の変換効率

グリーンイノベーション基金事業／次世代型太陽電池の開発　2022年度WG報告資料
新エネルギー部2022年11月29日
国立研究開発法人新エネルギー・産業技術総合開発機構より引用

では、お待ちかねのペロブスカイト型太陽光発電の技術の特許出願件数についてみてみよう。この文献（令和元年度大分野別出願動向調査 ー一般分野ー ニーズ即応型の技術動向調査　テーマ名：「ペロブスカイト太陽電池」）[10] によれば、図12に示すように、ペロブスカイト型太陽光発電の技術の特許出願件数については、これまで日本が圧倒的な優位を誇っていたものの、近年は中国が急激に日本を猛追して、一見すると既に中国が日本を追い越している状況である。

一方で、日本と中国の先頭グループに続いて、米国、欧州、韓国が2番手グループを形成しており、台湾、オーストラリア、インドなどの特許出願件数は今ひとつ振るわない状況が続いていることがわかる。それでは、ペロブスカイト型太陽光発電の特許ポートフォリオについては、日本と中国の二強が圧倒的に優位な特許ポートフォリオを構築しており、その他の勢力には勝ち目は薄いと結論付けてもよいのであろうか？

いや、そうともいえないという点について、もう少し詳しく分析を進めていきたい。具体的には後述するが、中国の一見強力な特許ポートフォリオは、ある意味では中国国内に閉じこもりの張り子の虎ともいえるためである。

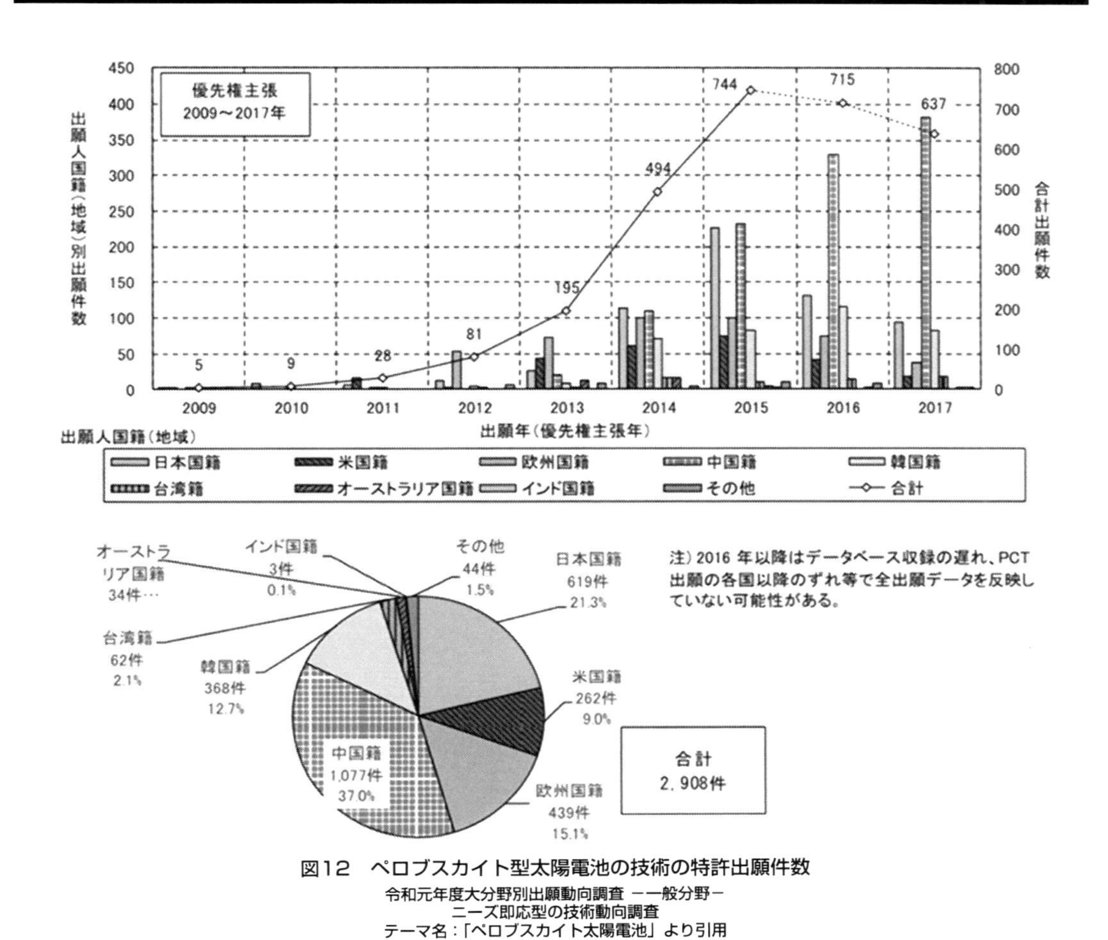

図12　ペロブスカイト型太陽電池の技術の特許出願件数
令和元年度大分野別出願動向調査 ー一般分野ー
ニーズ即応型の技術動向調査
テーマ名：「ペロブスカイト太陽電池」より引用

視点を変えて外国特許出願のデータをみてみると、以下の図13を見ればわかるように、未だに外国出願では、日本が中国よりも圧倒的に優位に立っている。つまり、中国はいわゆる内弁慶の状態であり、大量の防衛特許出願を国内で行うことによって、日本の基本特許による攻撃から事業を守っている段階にあるということが読み取れる。なお、欧州、アメリカ、韓国も、中国よりも積極的な外国出願をしている状況なので、国際的な特許ポートフォリオにおいては中国よりも優位にあると言える。すなわち、国際的な特許ポートフォリオにおいては、日本が圧倒的に優位な状況であり、2番手グループが欧州、アメリカ、韓国であり、3番手にようやく中国が入るという状況である。国内特許出願件数だけを見ていては、この状況を把握することはできないので注意が必要である。

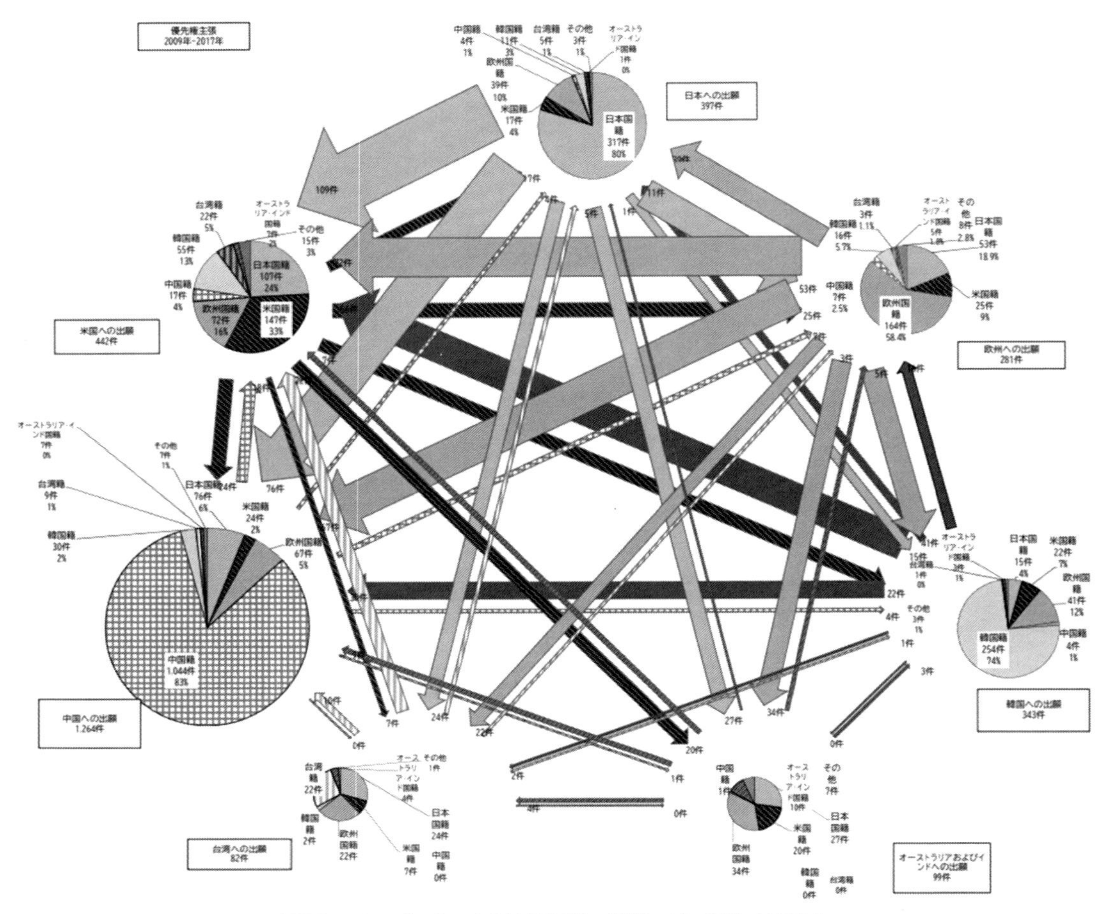

図13　ペロブスカイト型太陽電池の技術の外国特許出願動向
令和元年度大分野別出願動向調査 ――般分野―
ニーズ即応型の技術動向調査
テーマ名：「ペロブスカイト太陽電池」より引用

また、日米欧中韓への特許出願件数でも、図14に示す通り、出願件数の多い出願人の上位10社には、日本国籍出願人3社と、欧州国籍出願人3社が入っている。最上位3社は、積水化学、富士フイルム、LGエレクトロニクス（韓国）である。また、日本国籍の出願人は、米国・台湾・インドで3社、欧州で2社が上位を占めている。特に、積水化学は日本・欧州・台湾・オーストラリア・インドの5か国で上位を占めており、国際的に極めて強固な特許ポートフォリオを構築できていることがわかる。

全体		
順位	出願人	件数
1	積水化学	148
2	富士フイルム	99
3	LGエレクトロニクス(韓国)	79
4	メルク(ドイツ)	78
5	オックスフォード大学(英国)	75
6	スイス連邦工科大学(スイス)	73
7	Hee Solar(米国)	69
8	パナソニック	57
9	華中師範大学(中国)	47
10	KRICT韓国化学技術研究所(韓国)	44

日本		
順位	出願人	件数
1	積水化学	75
2	富士フイルム	33
3	パナソニック	19
3	東芝	19
5	住友化学	16

米国		
順位	出願人	件数
1	Hee Solar(米国)	22
2	パナソニック	20
2	富士フイルム	20
4	東芝	15
4	オックスフォード大学(英国)	15

欧州		
順位	出願人	件数
1	スイス連邦工科大学(スイス)	31
2	富士フイルム	20
2	オックスフォード大学(英国)	20
4	メルク(ドイツ)	17
5	積水化学	14

中国		
順位	出願人	件数
1	華中師範大学(中国)	40
2	天津職業大学(中国)	27
3	蘇州大学(中国)	25
4	武漢理工大学(中国)	23
4	寧波大学(中国)	23

韓国		
順位	出願人	件数
1	LGエレクトロニクス(韓国)	39
2	KRICT韓国化学技術研究所(韓国)	26
3	成均館大学校(韓国)	23
4	浦項工科大学校(韓国)	18
5	ソウル大学校(韓国)	15

台湾		
順位	出願人	件数
1	メルク(ドイツ)	13
2	積水化学	9
3	住友化学	5
3	カティーバ(米国)	5
5	国立成功大学(台湾)	4
5	台湾中油(台湾)	4
5	花王	4

オーストラリア		
順位	出願人	件数
1	Hee Solar(米国)	12
2	積水化学	11
3	オックスフォード大学(英国)	9
4	CSIRO連邦科学産業研究機構(オーストラリア)	4
5	スイス連邦工科大学(スイス)	3
5	オックスフォードPV(英国)	3

インド		
順位	出願人	件数
1	積水化学	10
2	Hee Solar(米国)	5
3	パナソニック	2
3	メルク(ドイツ)	2
3	沖縄科学技術大学院大学	2
3	インド工科大学(インド)	2
3	オックスフォード大学(英国)	2
3	オックスフォードPV(英国)	2

図14　ペロブスカイト型太陽電池の技術の出願人別出願件数上位ランキング

令和元年度大分野別出願動向調査 －一般分野－
ニーズ即応型の技術動向調査
テーマ名：「ペロブスカイト太陽電池」より引用

では、ペロブスカイト型太陽電池の技術区分別の特許出願動向については、どうであろうか？下記のグラフで示されるように、技術区分別に見ると、出願件数が多い方から、Pb使用、安定性・耐久性、MA使用、低コストの順となっている。安定性・耐久性は、2015年頃に大きく増加。高効率は、2012年頃から増加傾向であることがわかる。また、鉛フリーは2014年以降、オール無機は2015年以降、件数が増加していることもわかる。

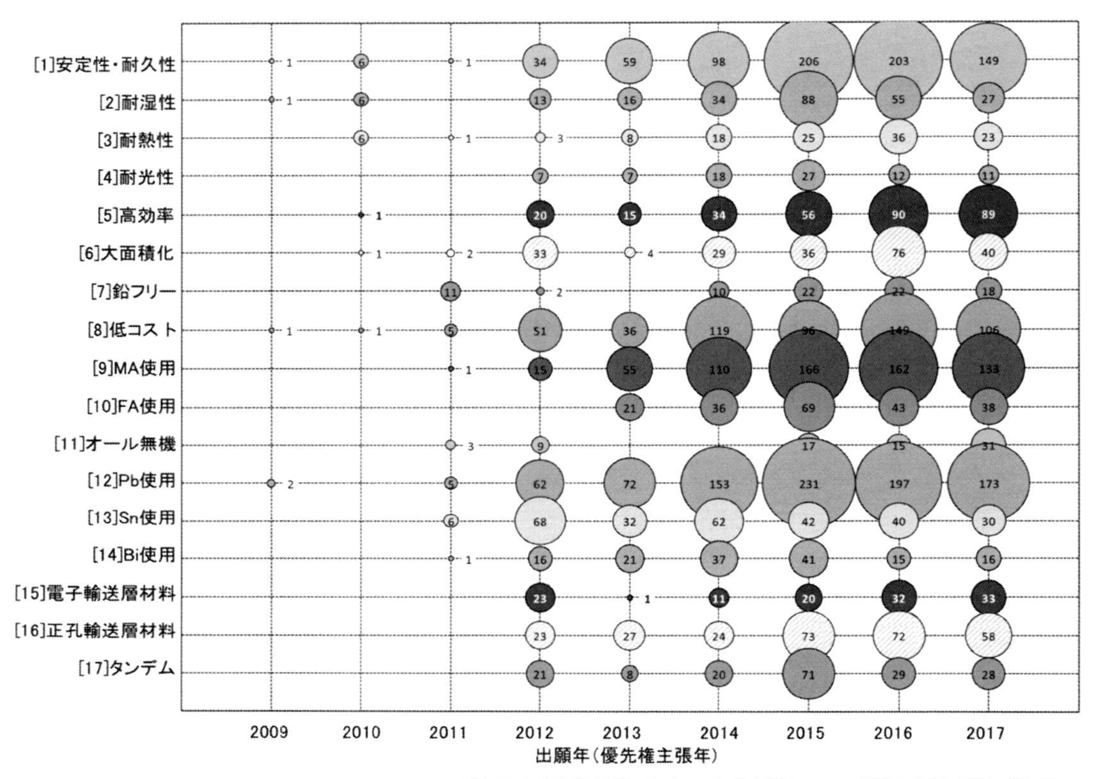

図15　ペロブスカイト型太陽電池の技術区分別の特許出願件数

令和元年度大分野別出願動向調査 －一般分野－
ニーズ即応型の技術動向調査
テーマ名：「ペロブスカイト太陽電池」より引用

また、以下の図に示すように、安定性・耐久性については、日本国籍の出願人が第1位であることがわかる。一方、タンデムについては、欧州国籍の出願人が第1位である。また、中国国籍の出願人も特定の技術区分で優位を確保している。このように、地域ごとに得意とする技術区分が異なることには注意が必要であろう。

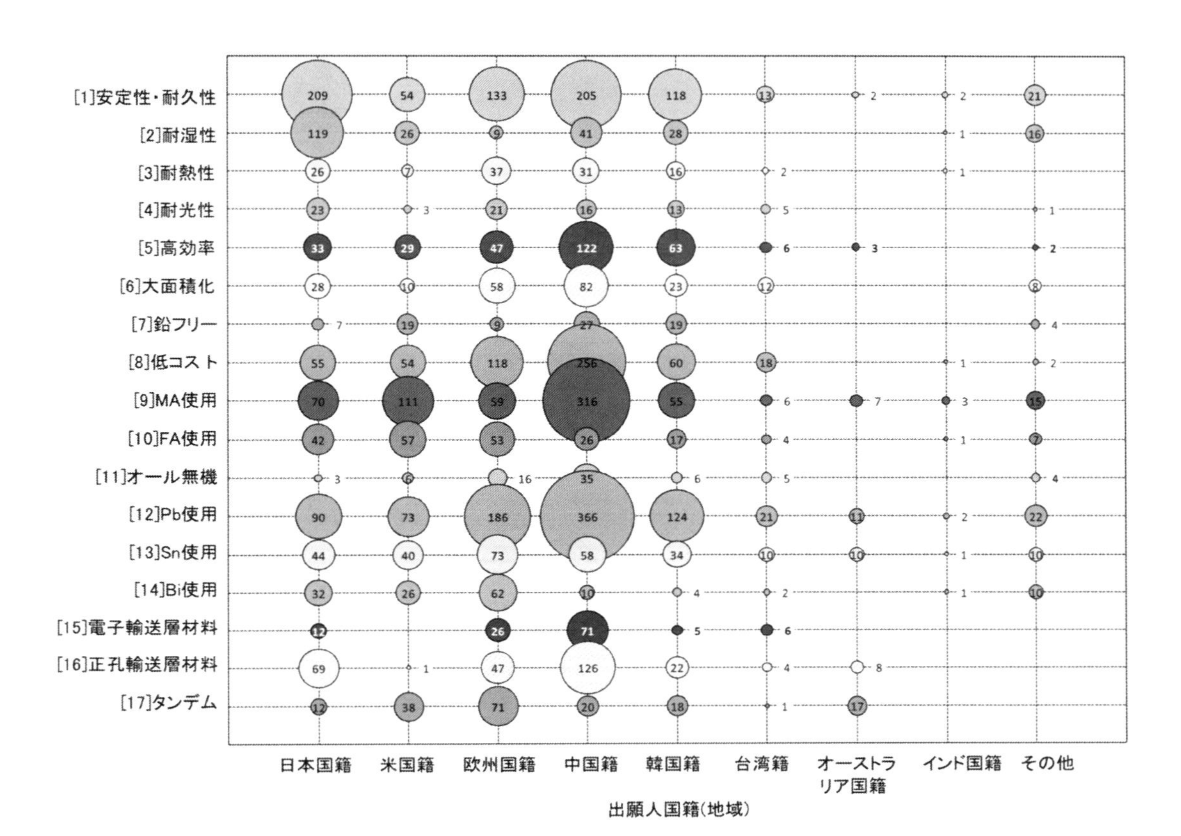

図16　ペロブスカイト型太陽電池の技術区分別－出願人国籍（地域）別の特許出願件数

令和元年度大分野別出願動向調査 －一般分野－
ニーズ即応型の技術動向調査
テーマ名：「ペロブスカイト太陽電池」より引用

<英国・オックスフォードPV>

- 2020年にペロブスカイト・シリコンのタンデム型で29.52%の変換効率を実現（１㎝角のセル）。
- タンデム型が中心であり、住宅・発電事業用などがターゲット。

<ポーランド・サウレ・テクノロジーズ>

- 小売店向けの電子商品タグ等の提供に向け、開発を進めている。ただ、耐久性等の製品のスペックなどの詳細は不明。

<中国・南京大学>

- 2022年に英国オックスフォード大学と共同で、変換効率21.7%のペロブスカイト・ペロブスカイトのタンデム型太陽電池モジュールを発表（20㎠のミニモジュールサイズ）。

<中国・DaZheng Micro-Nano Technologies（大正微納科技有限公司）>

- 2012年から研究開発に着手。2020年にペロブスカイト太陽電池で21%の変換効率を実現（3mm角程度のセル）と発表。

図17　諸外国におけるペロブスカイト開発の動向について

次世代型太陽電池に関する国内外の動向等について
（2022年11月　資源エネルギー庁）より引用

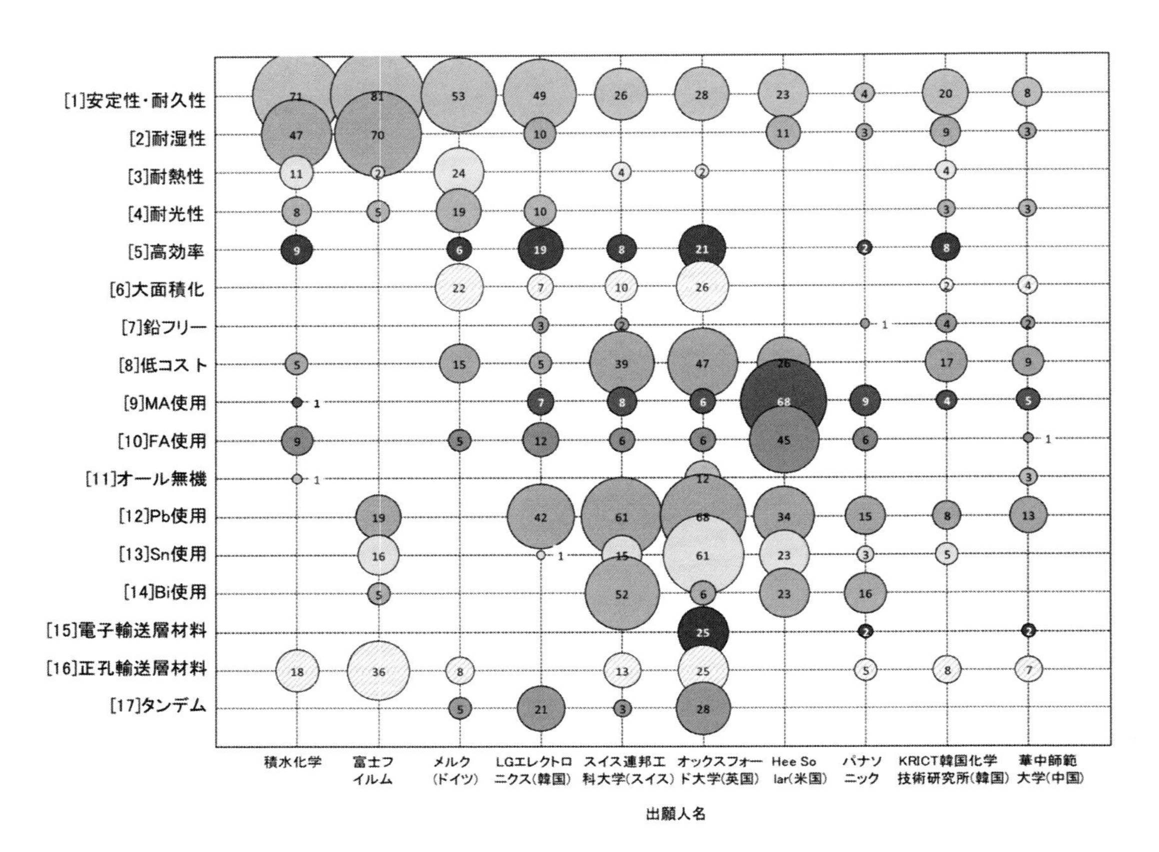

図18　各出願人の技術区分別出願件数

令和元年度大分野別出願動向調査 －一般分野－
ニーズ即応型の技術動向調査
テーマ名：「ペロブスカイト太陽電池」より引用

すなわち、積水化学をはじめとする日本勢が国際的に強力な特許ポートフォリオを構築しているからといって、特定の技術区分において局所的に強力な特許ポートフォリオを構築されて優位性を崩される可能性があるため、油断は禁物である。

上記の図をみれば、特に欧州・中国においても、独自のコア技術をもとにしてペロブスカイト型太陽電池に関する研究開発が盛んに進められていることがよくわかる。イギリスでは、オックスフォード大学発スタートアップのオックスフォードPVは、タンデム型（複数種を組み合わせた電池）太陽電池技術の商品化・量産化・製造プロセスの開発に焦点を当てて開発を行っている。また、ポーランドのスタートアップ企業であるサウレ・テクノロジーズは、屋内向けの電子商品タグ等のペロブスカイト太陽電池を発表している。また、中国では、2015年頃からスタートアップ企業が複数設立されている。多数の企業や大学が中国自国内の特許取得を進めていると見られ、研究開発が盛んに進められている。

5. ペロブスカイト型太陽電池の技術の論文動向

特許出願動向の先行指標となると言われる、論文動向についてもみてみよう。すると、図19に示すように、ペロブスカイト型太陽電池の技術の論文発表件数については、2014年頃から急激に増加し、2018年は約3,400件もの論文が発表されている。所属機関の国籍では、2016年頃から中国の発表件数の伸びが著しいため、中国（約38%）、欧州（約20%）、米国（約13%）の順となっている。なお、日本からの論文発表は極めて低調である。

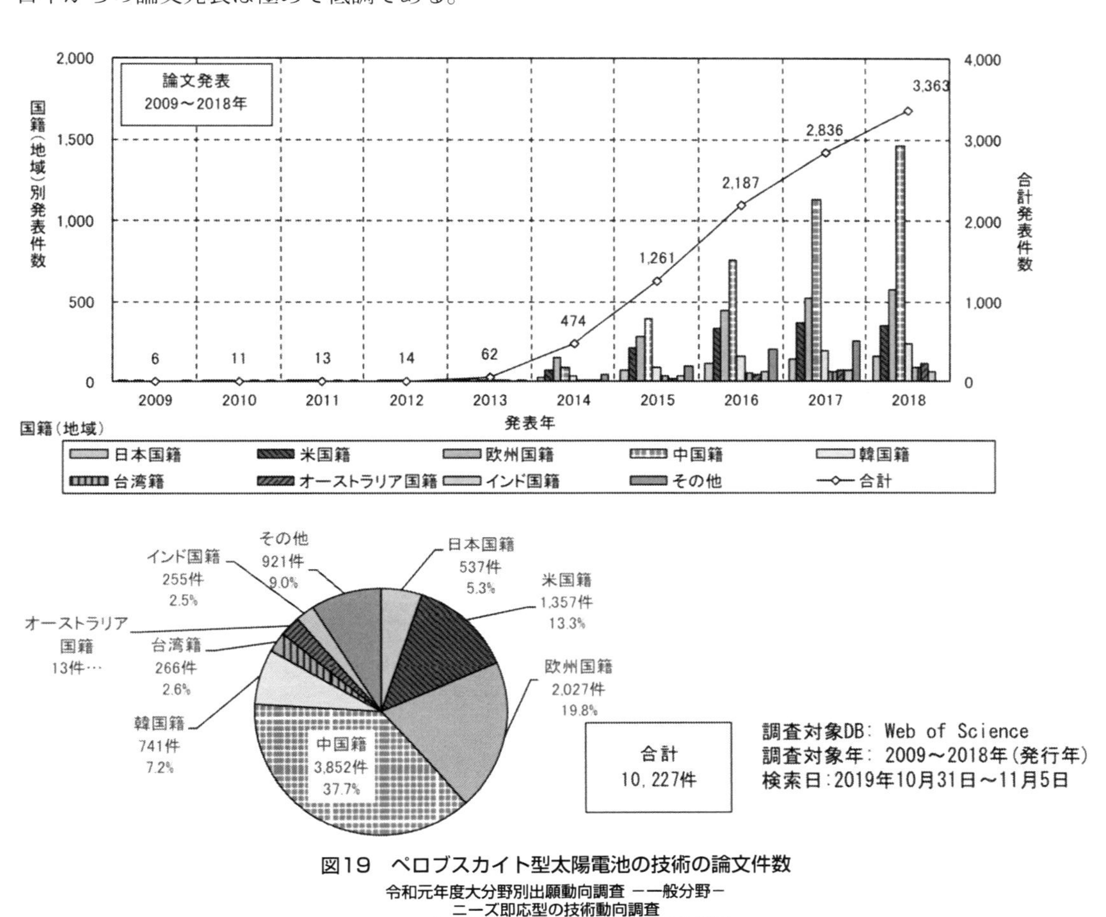

図19　ペロブスカイト型太陽電池の技術の論文件数

令和元年度大分野別出願動向調査 －一般分野－
ニーズ即応型の技術動向調査
テーマ名：「ペロブスカイト太陽電池」より引用

これらのことから、ペロブスカイト型太陽電池の技術の研究開発は、急激に活発になっており、日本だけでなく、欧州、中国、アメリカを中心に世界的に特許出願件数は増加を続けるであろうことが予測される。また、環境先進国である欧州での研究開発がきわめて活発化しており、それを上回る勢いで中国での研究開発も活発化しているため、ペロブスカイト型太陽電池の技術分野では、欧州および中国での研究開発動向に注視をしておく必要があることがよくわかる。

日本の論文発表が低調であるのは、おそらくは、日本企業は応用研究に力を入れており、基礎研究にはあまり注力をしていないためではないかと思われる。そのため、日本企業があまり力を入れていない基礎研究分野において、欧州や中国などから画期的な技術が登場して、業界地図が塗り替えられて、日本企業のせっかく築き上げた強力な特許ポートフォリオが崩されることがないように注意をしておく必要があろう。

おわりに

このように、ペロブスカイト型太陽電池の技術分野は、日本にとって、久しぶりに優位な技術力+特許ポートフォリオを構築できている数少ない分野の一つであると言える。2020年代になり、世界的なSDGsの流行の追い風が吹き、日本政府のやや無茶ぶりとも言える強引な政策目標を示された結果、積水化学をはじめとする日本勢としては、この流れを利用して、ペロブスカイト型太陽電池の技術分野で技術覇権を打ち立てたいところである。

もちろん、日本勢としては、桐蔭横浜大学の宮坂力特任教授が、技術の基本的な部分について海外でも特許を取得しておいてくれれば、もっと有利な状況を構築できたのにと嘆きたくなる気持ちはわかる。しかし、もはや過ぎたことを悔いても仕方がない。ノーベル賞の受賞候補とも噂される桐蔭横浜大学の宮坂力特任教授が生み出してくれた、日本の至宝の技術ともいえるペロブスカイト型太陽電池のコア技術をさらに発展されて、現時点での優位性を活かして量産化でも日本勢が技術覇権を握るべく最善の努力をすべきであろう。日本がペロブスカイト型太陽電池の量産化に成功して、エネルギー自給率を高めるために本稿が多少なりともお役にたてば、筆者としては望外の幸せである。

参考文献

1) 次世代型太陽電池に関する国内外の動向等について(2022年11月　資源エネルギー庁)

2) 日本経済新聞「日本発も海外勢が先行発明者、国際特許取らず」(2021年9月3日)

3) 2050年カーボンニュートラルに伴うグリーン成長戦略(令和3年6月18日 内閣官房・経済産業省・内閣府・金融庁・総務省・外務省・文部科学省・農林水産省・国土交通省・環境省)

4) グリーンイノベーション基金事業／次世代型太陽電池の開発　2022年度WG報告資料　新エネルギー部2022年11月29日　国立研究開発法人新エネルギー・産業技術総合開発機構

5) 再エネ、危機下で急浸透　「自国産」で安保価値向上　第4の革命・カーボンゼロ　試練の先に(上)(日本経済新聞　2022年11月28日)

6) IEA, Annual renewable electricity capacity additions, main and accelerated cases, 2014-2026, IEA, Paris https://www.iea.org/data-and-statistics/charts/annual-renewable-electricity-capacity-additions-main-and-accelerated-cases-2014-2026, IEA. Licence: CC BY 4.0

7) IEA, Renewable net capacity additions, 2019-2021, IEA, Paris https://www.iea.org/data-and-statistics/charts/renewable-net-capacity-additions-2019-2021, IEA. Licence: CC BY 4.0

8）WIPOマガジン　再生可能エネルギーに関する特許の傾向(2020年3月　著者James Nurton、フリーランスライター）
9）グリーンイノベーション基金事業の今後の進め方について　令和3年3月4日経済産業省
10）令和元年度大分野別出願動向調査　－一般分野－　ニーズ即応型の技術動向調査　テーマ名：「ペロブスカイト太陽電池」

ペロブスカイト太陽電池の
最新開発・製造・評価・応用技術
―高効率化・大面積化／安定性・耐久性向上／環境対応―

発行　令和 5 年　2 月 20 日発行　第 1 版　第 1 刷

定　価　　44,000 円（本体 40,000 円 + 税 10%）
監　修　　池上 和志（桐蔭横浜大学）
発行人・企画　陶山正夫
編集・制作　青木良憲、金本恵子、渡邊寿美
発　行　所　株式会社 AndTech
〒 214-0014
神奈川県川崎市多摩区登戸 1936-104
ＴＥＬ：044-455-5720
ＦＡＸ：044-455-5721
Email：info@andtech.co.jp
ＵＲＬ：https://andtech.co.jp/

印刷・製本　倉敷印刷株式会社